［逐条解説］

農林漁業バイオ燃料法

農林漁業バイオ燃料法研究会 編著

大成出版社

装幀　道吉　剛

巻頭言

我が国の農林漁業・農山漁村の現状については、人口が減少局面に入り、農林水産物の国内市場規模の縮小が懸念されている中で、農林漁業の活力が低下するなど、非常に厳しい状況となる一方、アメリカ、ブラジル、ＥＵ等の諸外国においては、近年の原油価格の高騰、国内農林漁業の育成、地球温暖化の防止といった内外の諸問題に対応する観点から、バイオ燃料の生産拡大のための各種措置を講じているところです。

我が国においても、稲わら、間伐材といった農林漁業に由来するバイオマスをバイオ燃料の原材料として利用することは、農林漁業の持続的かつ健全な発展とエネルギーの供給源の多様化を図る上で極めて有効な取組であり、バイオ燃料の生産拡大は喫緊の課題となっています。

このような認識の下、我が国においては、バイオマス・ニッポン総合戦略（平成十四年十二月閣議決定、平成十八年三月改定）や、バイオマス・ニッポン関係七府省が策定した「国産バイオ燃料の大幅な生産拡大に向けて（工程表）」（平成十九年二月総理報告）に基づき、国産バイオ燃料の大幅な生産拡大を図っているところです。

この農林漁業バイオ燃料法（農林漁業有機物資源のバイオ燃料の原材料としての利用の促進に関する法律。平成二十年法律第四十五号）は、バイオマス・ニッポン総合戦略の方向性に沿い、他の予算や税制等の支援措置と相まって、農林漁業者とバイオ燃料製造業者との連携に関する取組やバイオ燃料に関する研究開発を加速化させることにより、食料及び飼料の安定供給の確保を図りつつ、農林漁業に由来するバイオマスをバイオ燃料の原材料として利用することを促進しようとするものです。

本書は、この農林漁業バイオ燃料法の制定経緯、逐条ごとの解説、関係法令等をわかりやすく取りまとめたものです。本書が、農林漁業者、バイオ燃料製造事業者、研究開発を行おうとする方々などの関係者において、本法を理解する一助として広く活用されることを祈念する次第です。

最後に、この場をお借りして、本法の成立のために多大なるご尽力やご協力をいただいた多くの方々に対し、厚く御礼を申し上げます。

農林水産省技術総括審議官　吉田岳志

（注意書き）

本書は、農林漁業バイオ燃料法をはじめとする関係法令、通知などをもとに、執筆者において農林漁業バイオ燃料法の解釈についての見解をまとめたものであり、本書の内容はあくまでも執筆者の見解に過ぎないので、本書の利用に当たってはご注意を願います。

［逐条解説］農林漁業バイオ燃料法　目次

第一節　本法の提出に係る経緯

第二節　逐条解説

第三節　関係法令

第四節　Q＆A

【総論】

【生産製造連携事業】

第五節　参考資料

第一節　本法の提出に至る経緯

一　我が国の農林漁業・農山漁村を取り巻く現状を見ると、国民の食生活の変化等により、輸入農林水産物は増加しており、農林水産物の国内生産は減少傾向にある。また、我が国の人口が減少局面に入る中、国内の市場規模の縮小も懸念されている。このような中、農山漁村地域においては耕作放棄地や休耕地等が多数存在しており、手入れが遅れている森林も見られる。

さらには、農林水産物の生産・加工に伴い、稲わら等の農産物の非食用部、林地残材、食用に供されない雑魚等の副産物が大量に発生しているが、これらの相当部分は十分な活用が図られていないのが実情である。

二　一方、世界に目を向けると、近年の原油価格の高騰、国内農業の保護・育成、地域の貧困対策といった内外の諸問題に対応する観点から、自国内で原材料生産が可能であり、エネルギー安全保障上も重要な役割を果たすバイオ燃料（化石燃料を除く動植物に由来する有機物から製造されるバイオエタノールやバイオディーゼル燃料等）に対する関心が高まっており、世界的にその生産・利用の拡大に向けた取組が広がりつつある。

このような中、我が国においても、農林漁業・農山漁村の活性化等を図るため、「バイオマス・ニッポン総合戦略」（平成一四年一二月閣議決定、平成一八年三月改定）を策定し、バイオマスを総合的に最大限活用することとしており、その中でバイオ燃料については、他のバイオマス製品とは異なり、潜在的なニーズが極めて大きいことから、「計画的に利用に必要な環境の整備を行っていく」とされたところである。さらには、平成一九年二月に、バイオマス・ニッポン関係七府省は、「国産バイオ燃料の大幅な生産拡大に向けて（工程表）」を作成、総理に報告し、国産バイオ燃料の大幅な生産拡大に向けて関係省庁が一丸となって取り組むこととされたところである。

三　農林水産物及びその生産又は加工に伴い副次的に得られた動植物に由来する有機物（以下「農林漁業有機物資源」という。）のバイオ燃料の原材料としての利用を促進することは、これらの新たな需要を喚起するとともに、その有効な利用の確保に資することから、耕作放棄地等への資源作物の作付けを通じて、農林漁業者の新たな収入源の確保、担い手の減少や地域の活力低下への歯止め等の様々な効果やメリットが期待できる。

さらには、原油価格の高騰がみられる昨今、国内で生産可能なバイオ燃料に生産の拡大が図られれば、エネルギーの供給源の多様化にも資することとなる。

四　このように、農林漁業有機物資源を原材料とするバイオ燃料の製造は、現在の農林漁業をめぐる問題を解決するための有力な手段の一つとなり得るものである。しかしながら、以下のような課題も存在し、バイオ燃料については、原材料の生産から燃料製造までのコストが高くなっており、競合する化石燃料と比較して価格面での競争力がなく、生産量も少量にとどまっている状況にある。

㈠バイオ燃料の製造にあたっては、安価で大量の原材料の確保が必須である。しかしながら、現状では、供給者である農林漁業者と、その供給を受けるバイオ燃料製造業者との安定的な取引関係が確立されていないため、バイオ燃料製造業者においては、不安定な原材料の調達リスクを負ってまで多額の設備投資を行い規模拡大を図ろうとする動機づけがなく、一方、原材料を生産する農林漁業者にも、バイオ燃料の原材料用としての需要が不確定であるため積極的に取り組む動機付けが働かない状況となっている。

㈡バイオ燃料の原材料向けの生産に関しては、量・品質・価格面等でバイオ燃料製造業者の需要に対応した原材料生産がなされておらず、また、バイオ燃料の製造についても高コストとなっており、効率的なバイオ燃料の製造が行われていない。

さらに、バイオ燃料の原材料の農林漁業者からバイオ燃料製造業者までの輸送コストが高く、輸送体制も整備されていない。

㈢　我が国において農林漁業有機物資源がバイオ燃料の原材料として利用されるためには、低コスト・多収量の資源作物の開発や林地残材等の低未利用資源を低コストで原料化する技術、セルロース系バイオマスから高効率でバイオ燃料を製造する技術等の研究開発を強力に推進し、その成果を利用することが不可欠である。しかしながら、現状では、こうした生産・製造に関する研究開発が不十分である。

五　これらの課題を解決し、我が国において農林漁業有機物資源のバイオ燃料の原材料としての利用の促進を図るためには、以下の措置を講ずる必要がある。

㈠　原材料の供給時期・量・品質・価格等についてあらかじめ売買契約を締結する等により、農林漁業者とバイオ燃料製造業者との安定的な取引関係を確立した上で、農林漁業有機物資源の生産からバイオ燃料の製造までの一連の行程の各段階で次のようなコスト削減などを図るための措置を講じ、当該行程の総合的な改善に取り組む。

①　農林漁業有機物資源の生産段階においては収穫量が多い原材料用の作物の作付け等によってバイオ燃料製造業者の需要に適確に対応した生産を図るための措置

②　バイオ燃料の製造段階においては費用の低減に資する施設の整備等による効率的な製造を図るための措置

③　①、②と併せて行う農林漁業有機物資源の効率的な運搬を図るための措置

㈡　資源作物の新品種の育成や我が国に安価で大量に存在するセルロース系のバイオマスの利用など、生産・製造に関する技術で特に推進すべきものについて、国のみならず、民間事業者等の知見を活かし、研究開発を強力に進める。

六　このため、民間事業者等が自律的・主体的に農林漁業有機物資源のバイオ燃料の原材料としての利用に取り組むことができるようにするための制度的な枠組みを整備することとし、国がこれらの取組の基本的な方向性を示した上で、農林漁業者とバイオ燃料製造業者の共同プロジェクトや研究開発に関する計画を国が認定し、これに対して支援措置を講ずる仕組みを設けることが必要である。

七　このような背景の下、農林水産省において平成一九年七月より国産バイオ燃料の生産拡大に向けて支援を行う法的な枠

組みづくりの検討が始まり、経済産業省及び環境省の協力を得て、平成二〇年二月一五日に「農林漁業有機物資源のバイオ燃料の原材料としての利用の促進に関する法律案」を閣議決定し、同法律案は同年四月二二日に衆議院農林水産委員会において可決、同月二四日に衆議院本会議において可決、五月二〇日に参議院農林水産委員会において可決、五月二一日に参議院本会議において可決、成立、五月二八日に法律第四五号として公布されたものである。

第二節　逐条解説

（目的）

第一条　この法律は、農林漁業有機物資源のバイオ燃料の原材料としての利用を促進するための措置を講ずることにより、農林漁業有機物資源の新たな需要の開拓及びその有効な利用の確保並びにバイオ燃料の生産の拡大を図り、もって農林漁業の持続的かつ健全な発展及びエネルギーの供給源の多様化に寄与することを目的とする。

一　我が国の農林漁業・農山漁村の現状については、人口が減少局面に入り、農林水産物の国内市場規模の縮小が懸念されている中で、農林漁業の活力が低下するなど、非常に厳しい状況となっている。

一方、アメリカ、ブラジル、ＥＵ等の諸外国においては、近年の原油価格の高騰、国内農林漁業の育成、地球温暖化の防止といった内外の諸問題に対応する観点から、バイオ燃料の生産拡大のための各種措置を講じているところである。

我が国においても、稲わら、間伐材といった農林漁業有機物資源をバイオ燃料の原材料として利用することは、農林漁業の持続的かつ健全な発展とエネルギーの供給源の多様化を図る上で極めて有効な取組と考えられる。

しかしながら、我が国においては、①原材料生産者である農林漁業者とバイオ燃料の製造業者との連携がとれておらず、原材料の供給が不安定であること、②原材料の生産から、輸送、バイオ燃料の製造までの各工程のコストが高いこと、③これらの生産及び製造それぞれに係る研究開発が途上であることが課題となっている。

このため、本法では、農林漁業有機物資源のバイオ燃料の原材料としての利用を促進するため、主務大臣による基本方針の策定と生産製造連携事業及び研究開発事業の計画認定制度を創設し、この認定を受けた者に対する農業改良資金助成法（昭和三一年法律第一〇二号）、中小企業投資育成株式会社法（昭和三八年法律第一〇一号）、産業廃棄物の処理に係る特定施設の整備の促進に関する法律（平成四年法律第六二号）、種苗法（平成一〇年法律第八三号）等の特例措置を講ずることとしている。

　こうした本法の仕組みを端的に表す用語として「農林漁業有機物資源のバイオ燃料の原材料としての利用を促進するための措置」と表現し、本法に基づき講ずる措置として規定している。

二　また、これらの措置を講ずることにより、

(1) バイオ燃料の原材料向けに農林水産物（資源作物等）が生産されるため、その新たな需要が開拓されるとともに、

(2) 今まで低利用・未利用であった農林水産物の生産及び加工に伴い副次的に得られた物品のうち、動植物に由来する有機物をバイオ燃料の原材料として活用することにより、その有効な利用が確保され、

(3) さらには、現状では生産量が少ないバイオ燃料の生産の拡大が図られることとなる。

本法の措置による直接的な効果を本目的規定においては、「農林漁業有機物資源（農林水産物及びその生産又は加工に伴い副次的に得られた物品のうち、動植物に由来する有機物であって、エネルギー源として利用することができるものをいう。）の新たな需要の開拓及びその有効な利用の確保並びにバイオ燃料の生産の拡大」と端的に表現し、これを本法の直接目的として規定している。

三　さらに、農林水産物（資源作物等）の新たな需要の開拓や農林漁業から生じる低利用・未利用の副産物の有効利用は、とりわけ農林漁業の持続的かつ健全な発展に寄与するものであり、バイオ燃料の生産の拡大は原子力、天然ガス、太陽光、風力、バイオマス等の多様なエネルギーの供給の選択肢を増加させ、エネルギーの供給源の多様化[注]にも寄与するものである。

　本法の措置による究極的な効果を目的規定においては、「農林漁業の持続的かつ健全な発展及びエネルギー供給源の多様化」と端的に表現し、これを本法の究極目的として規定している。

四　目的規定においては、以上のことを簡潔に表し、

「この法律は、

① 農林漁業有機物資源のバイオ燃料の原材料としての利用を促進するための措置を講ずることにより（講ずる措置）、

② 農林漁業有機物資源の新たな需要の開拓及びその有効な利用の確保及びバイオ燃料の生産の拡大を図り（直接目的）、

③ もって農林漁業の持続的かつ健全な発展及びエネルギーの供給源の多様化に寄与することを目的とする（究極目的）。」

と規定している。

（注）「エネルギーの供給源の多様化」とは、エネルギー政策基本法（平成一四年法律第七一号）第二条において、エネルギーの安定的な供給を図るための基本的な施策の一手法として示されている概念であり、審議会の報告、白書等においても、原子力、天然ガス、太陽光、風力、バイオマス等の多様なエネルギーの開発・導入の意で用いられているところである。

（定義）

第二条　この法律において「農林漁業有機物資源」とは、農林水産物及びその生産又は加工に伴い副次的に得られた物品のうち、動植物に由来する有機物であって、エネルギー源として利用することができるものをいう。

一　本法の対象とするバイオ燃料としては、エタノール、バイオディーゼル燃料（脂肪酸メチルエステル）、メタン、木質固形燃料等が想定されており、その原材料として可能性のある農林漁業に由来する有機物である資源としては、

①　穀類等（米、麦等）、芋類（ばれいしょ、かんしょ）、油糧作物（菜種等）、甘味資源作物（さとうきび、てん菜等）、木材、魚類、稲わら等

②　家畜排せつ物、使用済み菌床培地等

③　加工残さ（廃糖みつ、製材工場残材、はらわた等）等

がある。

二　このうち、①は農林水産物（いわゆる加工品は含まれない。）そのものであり、②及び③は農林水産物の生産又は加工に伴って副次的に得られる低利用・未利用の物品である。

このため、本法の対象となる資源として「農林水産物及びその生産又は加工に伴い副次的に得られた物品」と規定することとしている。

三　この場合、

①　農林水産物の生産の際に生じるビニールハウスの廃ビニール、廃プラスチック等、動植物に由来しないもの

②　貝殻、骨等バイオ燃料の原材料として使用できない無機物

についても上記の概念に含まれ得るため、これらを除外する必要がある。

また、クラゲなど水分含有量の多いものについても上記の概念に含まれ得るが、これらは燃料の原材料としては不適切であることからこれらを除外し、エネルギー源として利用できるものに限り本法の対象とする必要がある。

四　以上より、「農林水産物及びその生産又は加工に伴い副次的に得られた物品のうち、動植物に由来する有機物であって、エネルギー源として利用することができるもの」を本法の支援の対象とし、これを「農林漁業有機物資源」と定義することとしている。(注)

（注）電気事業者による新エネルギー等の利用に関する特別措置法（平成一四年法律第六二号）等においても、動植物由来の有機物でエネルギー源となるものを「バイオマス（動植物に由来する有機物であってエネルギー源として利用することができるもの（原油、石油ガス、可燃性天然ガス及び石炭並びにこれらから製造される製品を除く。）をいう。）」と規定している例がある。なお、これらの規定においては、原油などの石油製品を定義から除いているが、本法では、前述のとおり、石油製品などの廃ビニール等は解釈上除かれているので、改めて定義から明文で除いていない。

（定義）

第二条

2　この法律において「バイオ燃料」とは、農林漁業有機物資源を原材料として製造される燃料（単なる乾燥又は切断その他の主務省令で定める簡易な方法により製造されるものを除く。）をいう。

【施行規則】

（バイオ燃料の製造方法に含まない簡易な方法）

第一条　農林漁業有機物資源のバイオ燃料の原材料としての利用の促進に関する法律（以下「法」という。）第二条第二項の主務省令で定める簡易な方法は、単なる乾燥、切断、破砕及び粉砕とする。

一　バイオ燃料

㈠　バイオ燃料とは、一般的にバイオマス（動植物に由来する有機物である資源）を原材料として製造される燃料で、

①　薪、木炭、木質ペレットなどの固形燃料

②　発酵により得られるエタノール、発酵や熱分解により得られるメタノール、植物油等から合成される脂肪酸メチルエステル（バイオディーゼル燃料）、熱分解により得られたガス等から合成されるジメチルエーテル・炭化水素油等の液体燃料

③　熱分解により得られる水素、発酵により得られるメタン等の気体燃料に分けることができる。

㈡　本法はバイオ燃料の原材料として農林漁業有機物資源の利用を促進することにより、農林漁業の持続的かつ健全な発

展に寄与することとしており、この目的を達成するためには、その対象とするバイオ燃料については農林漁業有機物資源を原材料として製造されるものに限定する必要がある。

一方、薪、木材チップなどの単なる乾燥、単なる切断等の簡易な方法のみにより製造される燃料については、製造方法などの改善の余地が少ないことから、本法による支援を行う必要性が少ないものと考えられる。

よって、本法で生産の拡大を図るバイオ燃料は、農林漁業有機物資源を原材料として製造される燃料のうち、単なる乾燥又は切断その他の主務省令で定める簡易な方法により製造されるものを除いたものとしている（この結果、木材を単に切断して製造する薪、木材チップなどは除かれることとなる。）。

㈢ この主務省令で定める簡易な方法には、「単なる乾燥、切断、破砕及び粉砕」が指定されている（施行規則第一条）。この解釈は、乾燥、切断、破砕又は粉砕のみの製造方法のみならず、乾燥と切断、乾燥と破砕などこれら四つの工程のみからなる製造方法も指定する趣旨である。

二 「バイオ燃料」との名称について

本法における対象とする燃料の名称については、既存の法令上これを端的に表現する用語がなかったため、以下を踏まえ、「バイオ燃料」とすることとした。

㈠ 動植物に由来する有機物を原材料として製造される燃料を表す言葉として、平成一九年六月に閣議決定された二十一世紀環境立国戦略その他の政府文書で「バイオ燃料」を用いている一方、他の「バイオマス由来燃料」、「生物燃料」などの語はほとんど用いられていないこと

㈡ 全国紙（読売、朝日、毎日、日経、産経）においては、バイオマス・ニッポン総合戦略が策定された平成一四年一二月以降では、「バイオ燃料」の用語を用いるものが圧倒的に多く一般的な用語として、「バイオ燃料」が定着していること

㈢ 『三省堂国語辞典第六版』（見坊豪紀、金田一京助ほか編）等の辞書においては、「バイオ燃料」の語が掲載されてお

り、辞書において用語が記載されるほど一般的な用語となっていること

（定義）

第二条

3　この法律において「生産製造連携事業」とは、農林漁業者若しくは木材製造業を営む者（以下「農林漁業者等」という。）又は農業協同組合その他の政令で定める法人で農林漁業者等を直接若しくは間接の構成員（以下単に「構成員」という。）とするもの（以下「農業協同組合等」という。）及び特定バイオ燃料（バイオ燃料のうち、相当程度の需要が見込まれるものとして政令で定めるものをいう。以下同じ。）の製造の事業を営む者（以下「バイオ燃料製造業者」という。）又は事業協同組合その他の政令で定める法人でバイオ燃料製造業者を構成員とするもの（以下「事業協同組合等」という。）が、第一号並びに第二号イ及びロに掲げる措置のすべてを実施することにより農林漁業有機物資源の生産（農林漁業有機物資源をバイオ燃料の原材料として利用するために必要な収集その他の主務省令で定める行為を含む。以下同じ。）から特定バイオ燃料の製造までの一連の行程の総合的な改善を図る事業をいう。

一　農林漁業者等又は農業協同組合等とバイオ燃料製造業者又は事業協同組合等との間における農林漁業有機物資源の安定的な取引関係の確立

二　前号に掲げる措置を実施するために必要な次に掲げる措置

イ　特定バイオ燃料の原材料に適する新規の作物の導入、農林漁業有機物資源の生産に要する費用の低減に資する生産の方式の導入その他のバイオ燃料製造業者の需要に適確に対応した農林漁業有機物資源の生産を図るための措置（当該措置と併せて実施する農林漁業有機物資源の効率的な運搬を図るための措置を含む。）

ロ　特定バイオ燃料の製造に要する費用の低減に資する製造の方式の導入又は施設の整備その他の特定バイオ燃料の効率的な製造を図るための措置（当該措置と併せて実施する農林漁業有機物資源の効率的な運搬を図るための

措置を含む。）

一　事業内容

農林漁業有機物資源のバイオ燃料の原材料としての利用を促進するためには、原材料生産から燃料製造までの総合的なコストの削減を図り、これら生産や製造を自律的かつ安定的に営むことを目指す必要があることから、支援すべき「生産製造連携事業」は、次の㈠及び㈡の措置を実施することにより、農林漁業有機物資源の生産（収集等の農林漁業有機物資源をバイオ燃料の原材料として利用するために必要な行為を含む。）から特定バイオ燃料の製造までの一連の行程の総合的な改善を図る事業とする。

㈠　農林漁業者又は木材製造業者（以下「農林漁業者等」という。）とバイオ燃料製造業者との間における安定的な取引関係の確立

「安定的な取引関係の確立」とは、農林漁業者等とバイオ燃料製造業者の間で、原材料となる農林漁業有機物資源の供給時期、量、品質等について、一定期間以上の集出荷、購入等に関する取決めを締結することをいう。

㈡　㈠を実施するために必要な以下の取組のすべて

①　農林漁業者等側

多収米等のバイオ燃料の原材料用の新規の作物の導入、高効率な稲わら収集機械の導入による生産コストの低減等のバイオ燃料製造業者の需要に適確に対応した生産を図るための措置を講ずる。

②　バイオ燃料製造業者側

エタノールの連続発酵方式等の効率的な製造方式の導入、新たな特定バイオ燃料製造施設の整備等の特定バイオ燃料の効率的な製造を図るための措置を講ずる。

㈢　その他

㈡の①、②と併せて実施される効率的な運搬を図るための措置（燃料製造の工程に即して必要な量の原材料を搬入する体系の確立、原材料の生産地と近接した物流拠点の整備による輸送コストの低減等）も事業に含めることができることとする。

【施行規則】

（農林漁業有機物資源をバイオ燃料の原材料として利用するために必要な行為）

第二条　法第二条第三項の主務省令で定める行為は、農林漁業有機物資源（農林水産物の生産又は加工に伴い副次的に得られたものに限る。）をバイオ燃料の原材料として利用するために必要な圧縮、乾燥、こん包、収集、切断、破砕、粉砕、分別及び保管とする。

農林漁業有機物資源には、「農林水産物の生産又は加工に伴い副次的に得られた物品」が含まれ、このような副産物について、農林水産物の「生産」と並ぶ行為としては、「収集」、「切断」、「圧縮」、「こん包」等バイオ燃料として利用するために必要な前処理が想定される。このため、「農林漁業有機物資源の生産」にこれらの行為を含める必要があり、副産物について必ず行う行為である「収集」を法律上例示し、その他の行為を主務省令で定めることとし、「圧縮、乾燥、こん包、収集、切断、破砕、粉砕、分別及び保管」を指定した。

【施行令】

（農業協同組合等）

第一条　農林漁業有機物資源のバイオ燃料の原材料としての利用の促進に関する法律（以下「法」という。）第二条第三項の農業協同組合その他の政令で定める法人は、次のとおりとする。

一　農業協同組合、農業協同組合連合会及び農事組合法人
二　漁業協同組合及び漁業協同組合連合会
三　森林組合及び森林組合連合会
四　事業協同組合、事業協同小組合及び協同組合連合会
五　協業組合、商工組合及び商工組合連合会
六　一般社団法人【平成二十年十二月一日までの間は「民法（明治二九年法律第八九号）第三十四条の規定により設立された社団法人」】

（事業協同組合等）
第三条　法第二条第三項の事業協同組合その他の政令で定める法人は、次のとおりとする。
一　事業協同組合、事業協同小組合及び協同組合連合会
二　協業組合、商工組合及び商工組合連合会
三　農業協同組合連合会
四　漁業協同組合連合会、水産加工業協同組合及び水産加工業協同組合連合会
五　森林組合及び森林組合連合会
六　一般社団法人【平成二十年十二月一日までの間は「民法第三十四条の規定により設立された社団法人」】

二　計画作成主体

本事業の達成のためには、原材料である農林漁業有機物資源の生産者と特定バイオ燃料の製造業者が連携して事業に取り組むことが必要である。このため、次の者を計画作成主体とすることとした。

㈠　農林漁業者等（農林漁業者及び木材製造業者）又は農業協同組合等

「農林漁業者」とは、「農林漁業を営む者」である。本法における「営む者」の概念は、事業活動により収益を目的とする者をいい、地方公共団体、造林公社等の一般社団法人、特定非営利活動法人等を含み得る。林業においては、木材に加工されて初めて商品として流通するという実態があり、木材製造業者は林業者と一体的であると考えられることから、木材製造業者についても計画作成主体とした。

また、農林漁業者等を構成員とする農業協同組合等の法人が組合員のために計画を作成する場合があるため、農業協同組合等も作成主体とした。この際、漁業を自ら営む漁業協同組合などが自ら漁業を営む者として原材料を調達する計画を作成する場合は、当該漁業協同組合等は農林漁業者として整理される。

(二) バイオ燃料製造業者、事業協同組合等

「バイオ燃料製造業者」とは、特定バイオ燃料の製造の事業を営む者をいう。

また、バイオ燃料製造業者のうち、木炭製造業者などの零細な経営体が事業協同組合等を構成しており、これらの者を構成員とする事業協同組合等の法人が組合員のために計画を作成する場合があるため、事業協同組合等も作成主体とした。この際、バイオ燃料の製造の事業を自ら営む農業協同組合や事業協同組合などが自らバイオ燃料を製造する計画を作成する場合は、当該農業協同組合や事業協同組合などはバイオ燃料製造業者として整理される。

(三) なお、生産製造事業に多額の資金を必要とする等の理由から、複数の者が農林漁業又は特定バイオ燃料製造を営む法人を設立し、その設立に当たって中小企業投資育成株式会社の出資(中小企業投資育成株式会社法の特例。第一一条参照)を活用する場合も想定し得ることから、これらの事業を営む法人を設立しようとする者も計画作成者に含むことを第四条第一項において条文上明確にしている。

さらに、法人を設立する者を条文上明記する必要上、農林漁業又はバイオ燃料製造の事業を「営もうとする者」についても第四条第一項の条文上明記している。

【施行令】

（特定バイオ燃料）

第二条　法第二条第三項の政令で定めるバイオ燃料は、次のとおりとする。

一　木炭（竹炭を含む。）

二　木竹に由来する農林漁業有機物資源を破砕することにより均質にし、乾燥し、かつ、一定の形状に圧縮成形したもの

三　エタノール

四　脂肪酸メチルエステル

五　水素、一酸化炭素及びメタンを主成分とするガス

六　メタン

三　特定バイオ燃料について

㈠　生産製造連携事業の実施に当たっては、農林漁業の持続的かつ健全な発展とエネルギーの供給源の多様化という法目的の達成に向け、事業の成果としてバイオ燃料の生産拡大が図られる必要がある。このバイオ燃料の生産の拡大が図られるためには、当該バイオ燃料が、

①　ガソリン、軽油等、現在大量に消費されている燃料の代替燃料となり得るもので製造コストの低減等により、ガソリン等との代替が進むことにより、今後消費が拡大することが期待できる

②　従来より日常的に利用されており、安定した需要があるもので、製造コストの削減等により輸入品と代替することで消費拡大が期待できる

等の理由により、相当程度の需要が見込まれるものでなければ十分な生産拡大は困難である。

(二) このため、あらかじめ、相当程度の需要が見込まれるバイオ燃料を「特定バイオ燃料」として政令で指定し、生産製造連携事業の対象とすることとする。

(三) 具体的には、「木炭」（施行令第二条第一号）、「木竹に由来する農林漁業有機物資源を破砕することにより均質にし、乾燥し、かつ、一定の形状に圧縮成形したもの」（同条第二号。いわゆる木質固形燃料）、「エタノール」（同条第三号）、「脂肪酸メチルエステル」（同条第四号。いわゆるバイオディーゼル燃料）、「水素、一酸化炭素及びメタンを主成分とするガス」（同条第五号。木材等を高温高圧で気化させて得られるガス。いわゆる木質バイオマスガス）、「メタン」（同条第六号。家畜排せつ物等をメタン発酵させて得られるガス。いわゆるバイオガス。）を指定した。

(四) なお、これら特定バイオ燃料以外のバイオ燃料（例えば、炭化水素油、エタノール以外のアルコール類、木質ではない固形燃料等）は、生産製造連携事業の対象とならず、研究開発事業のみ対象となる。

（定義）

第二条

4　この法律において「研究開発事業」とは、次のいずれかに掲げる研究開発を実施する事業で、農林漁業有機物資源のバイオ燃料の原材料としての利用の促進に特に資するものをいう。

一　バイオ燃料の原材料に適する新品種の育成、農林漁業有機物資源の生産に要する費用の低減に資する生産の方式の開発その他の農林漁業有機物資源の生産の高度化に資する研究開発

二　バイオ燃料の製造に要する費用の低減に資する製造の方式又は機械の開発その他のバイオ燃料の製造の高度化に資する研究開発

一　事業内容

農林漁業有機物資源のバイオ燃料の原材料としての利用を促進するためには、生産コストの削減や資源の効率的利用に向けた技術開発が重要であることから、支援する研究開発事業は、次のいずれかに掲げる研究開発を実施する事業で、農林漁業有機物資源のバイオ燃料の原材料としての利用の促進に特に資するものとしている。

①　バイオ燃料の原材料に適する新品種の育成、農林漁業有機物資源の生産に要する費用の低減に資する生産の方式の開発その他の農林漁業有機物資源の生産の高度化に資する研究開発

具体例　食用品種と比較して数倍の収量が見込まれる新品種の育成、育苗・移植の労力が不要な種子直播による栽培方式の確立、植物体の全てを原材料に利用するための新たな収穫機械の開発、林地残材を林内で破砕し、体積減を図ることで効率的に搬出するための機械の開発等

②　バイオ燃料の製造に要する費用の低減に資する製造の方式若しくは機械の開発その他のバイオ燃料の製造の高度化に

資する研究開発

具体例　新たなバイオ燃料である燃料電池用の酸素を製造する技術の研究開発、稲わら（セルロース系）を高効率・低コストに糖に変換する酵素の開発、蒸留過程を低コスト化するための膜濾過によるエタノール濃縮装置の開発、原材料や製品の搬出の効率化を図る製造の方式の開発

研究開発事業の対象は、「農林漁業有機物資源のバイオ燃料の原材料としての利用の促進に特に資する」ものに限定されている。このため、研究開発は、その成果が農林漁業有機物資源の生産又はバイオ燃料の製造の高度化に直接的に資することが見込まれるものであり、かつ、その高度化の程度が明確であるものでなければならない。

また、「高度化」とは、研究開発により得られる成果を活用した農林漁業有機物資源の生産やバイオ燃料の製造が既存の技術等を活用した場合と比較して、効率性やコスト面で一定程度の改善が図られることをいう。

なお、これら特定バイオ燃料以外のバイオ燃料（例えば、炭化水素油、エタノール以外のアルコール類、木質ではない固形燃料等）は、生産製造連携事業の対象とならず、研究開発事業のみ対象となる。

二　計画作成主体

バイオ燃料に関する研究開発は、独立行政法人、大学、地方公共団体の公設試験場、民間事業者といった様々な者により実施されており、そのさらなる推進のためには、こういった多様な主体がそれぞれ有しているノウハウやアイディアを活用しながら、独創的な取組を自律的に実施できるよう支援措置を講じることが必要である。

このため、本法においては、幅広い主体の参加を促すため、研究開発事業計画を作成することができる者は、「研究開発事業を実施しようとする者」と規定して、業種や規模、形態等について特段の制限を設けていない。

なお、研究開発に多額の資金を必要とする等の理由から、複数の者が研究開発を行う法人を設立し、その設立に当たって中小企業投資育成株式会社の出資（中小企業投資育成株式会社法の特例。第一一条参照）を活用する場合も想定し得ることから、研究開発事業を行う法人を設立しようとする者も計画作成者に含むことを第六条第一項の条文上明確に規定し

ている。

（基本方針）

第三条　主務大臣は、政令で定めるところにより、農林漁業有機物資源のバイオ燃料の原材料としての利用の促進に関する基本方針（以下「基本方針」という。）を定めるものとする。

2　基本方針においては、次に掲げる事項を定めるものとする。

一　農林漁業有機物資源のバイオ燃料の原材料としての利用の促進の意義及び基本的な方向

二　生産製造連携事業及び研究開発事業の実施に関する基本的な事項

三　前二号に掲げるもののほか、農林漁業有機物資源のバイオ燃料の原材料としての利用の促進に関する重要事項

四　食料及び飼料の安定供給の確保、農林漁業有機物資源が廃棄物（廃棄物の処理及び清掃に関する法律（昭和四十五年法律第百三十七号）第二条第一項に規定する廃棄物をいう。以下同じ。）である場合におけるその適正な処理の確保その他の農林漁業有機物資源のバイオ燃料の原材料としての利用の促進に際し配慮すべき重要事項

3　基本方針は、農林漁業有機物資源の生産及びバイオ燃料の製造に関する技術水準、エネルギー需給の長期見通しその他の事情を勘案して定めるものとする。

4　基本方針は、地球温暖化の防止を図るための施策に関する国の計画との調和が保たれたものでなければならない。

5　主務大臣は、経済事情の変動その他情勢の推移により必要が生じたときは、基本方針を変更するものとする。

6　主務大臣は、基本方針を定め、又はこれを変更しようとするときは、あらかじめ、関係行政機関の長に協議しなければならない。

7　主務大臣は、基本方針を定め、又はこれを変更したときは、遅滞なく、これを公表しなければならない。

【施行令】

（基本方針）

第四条　法第三条第一項の基本方針は、おおむね五年ごとに定めるものとする。

一　農林漁業有機物資源のバイオ燃料の原材料としての利用の促進に関する意義や基本的な方向を示すとともに、生産製造連携事業計画及び研究開発事業計画を作成する際の指針を明らかにするため、主務大臣は、農林漁業有機物資源のバイオ燃料の原材料としての利用の促進に関する基本方針（以下「基本方針」という。）を定めることとした。

二　基本方針は、次の事項について定めることとした。

㈠　農林漁業有機物資源のバイオ燃料の原材料としての利用の促進の意義及び基本的な方向

農林漁業有機物資源のバイオ燃料の原材料としての利用の促進の意義（農林漁業の持続的かつ健全な発展、エネルギーの供給源の多様化への効果等）や基本的な方向（利用促進の基本的方向、実施する取組、関係者の役割分担等）について国民や事業者全体が持つべき共通認識を定める。

㈡　生産製造連携事業及び研究開発事業の実施に関する基本的な事項

各事業を設けた趣旨とそれぞれの事業の実施に当たり指針となる基本的な事項を示すこととする。

①　生産製造連携事業

㈠　目標

農林漁業者等及びバイオ燃料製造業者は事業の実施によって達成すべき具体的な目標を設定した上で事業に取り組むべきこと。

㈡　事業の内容

・農林漁業者等とバイオ燃料製造業者等との間で安定的な取引関係を確立するための措置を講じること。
・農林漁業者等は、高収量の作物等のバイオ燃料の原材料に適する新規作物の導入、収穫機械の導入等の措置を講ずることにより、バイオ燃料製造業者の需要に適確に対応した農林漁業有機物資源の生産を図ること。
・バイオ燃料製造業者は、バイオ燃料の効率的な製造を図るとともに、副産物の利用による製造コストの低減を図ること。
・必要に応じて、燃料製造の工程に即した原材料の搬入体系の確立等、農林漁業有機物資源の効率的な運搬を図ること。

② 研究開発事業

(ア) 目標

法及び基本方針の方向性に合致した研究開発を行い、当該研究開発の成果の活用により、農林漁業有機物資源のバイオ燃料の原材料としての利用の促進に特に資することを目標とすること。

(イ) 内容

新作物の開発等の農林漁業有機物資源の生産の高度化、セルロース系の原材料を効率的に糖化する酵素の開発等のバイオ燃料の製造の高度化を事業の内容とすること。

(三) (一)及び(二)のほか、農林漁業有機物資源のバイオ燃料の原材料としての利用の促進に関する重要事項

製造されたバイオ燃料の利用の促進を図るべきこと、バイオ燃料の製造に伴う副産物の有効利用、環境負荷の低減等の農林漁業有機物資源のバイオ燃料の原材料としての利用の促進に関する重要事項を記載する。

(四) 農林漁業有機物資源のバイオ燃料の原材料としての利用の促進に際し配慮すべき重要事項

農林漁業有機物資源は、食料・飼料向けに生産されるものと同一となる場合があり、実際に諸外国において、食料・飼料向け需要と競合した結果、大豆やとうもろこしの価格の高騰を招くといった事態が生じている。したがって、この

ような事態が生じることのないよう配慮しながら施策を推進する必要があることについて記載する。

また、廃棄物である農林漁業有機物資源をバイオ燃料の原材料として活用することが重要となっているが、このような廃棄物が不適正に扱われ、生活環境に悪影響を及ぼすことのないよう、その適正な処理の確保について配慮する必要があることについて記載する。

三　その他、基本方針を定めるに当たっては、以下のとおりの手続を取ることとした。

㈠　基本方針の策定に当たっては、最新の栽培技術やバイオ燃料変換技術といった原料生産及びバイオ燃料製造に関する技術水準、競合する化石燃料の需給・価格の見通し等、農林漁業有機物資源のバイオ燃料の原材料としての利用の促進に影響を与える事項を勘案して定める旨規定した。

㈡　また、バイオ燃料は、二酸化炭素を新たに排出しないという性質上、その利用が地球温暖化の防止にも有益である。このため、地球温暖化の防止を図るための施策に関する国の計画との調和を図りつつ、施策の基本的方向性を決定することが必要である。このため、当該計画との調和規定を設けることとした。

㈢　さらに、基本方針は、その時々の施策の基本方向や事業の実施に関する基本方向等について具体的に定めるという趣旨から、一定期間ごとの見通しを行う必要がある。このため、基本方針については、「政令で定めるところにより定める」こととし、見直し時期を政令で定めることとした。加えて、不測の事態による化石燃料の供給不足等、経済事情の変動その他情勢の推移により、基本方針を変更する事由が生じた場合には、主務大臣は基本方針を変更するものとした。政令においては、「おおむね五年ごとに定めるもの」とされた。

（生産製造連携事業計画の認定）

第四条　農林漁業者等（農林漁業若しくは木材製造業を営もうとする者又は農林漁業若しくは木材製造業を営む法人を設立しようとする者を含む。）又は農業協同組合等は、バイオ燃料製造業者（特定バイオ燃料の製造の事業を営もうとする者又は特定バイオ燃料の製造の事業を営む法人を設立しようとする者を含む。）又は事業協同組合等と共同して、生産製造連携事業に関する計画（農業協同組合等又は事業協同組合等にあってはその構成員の行う生産製造連携事業に関するものを含み、農林漁業若しくは木材製造業を営む法人を設立しようとする者又は特定バイオ燃料の製造の事業を営む法人を設立しようとする者にあってはこれらの法人が行う生産製造連携事業に関するものを含む。以下「生産製造連携事業計画」という。）を作成し、主務省令で定めるところにより、これを主務大臣に提出して、その生産製造連携事業計画が適当である旨の認定を受けることができる。

2　生産製造連携事業計画には、次に掲げる事項を記載しなければならない。

一　生産製造連携事業の目標

二　生産製造連携事業の内容及び実施期間

三　農林漁業有機物資源が廃棄物である場合にあっては、その適正な処理の確保に関する事項

四　生産製造連携事業を実施するために必要な資金の額及びその調達方法

3　主務大臣は、第一項の認定の申請があった場合において、その生産製造連携事業計画が次の各号のいずれにも適合するものであると認めるときは、その認定をするものとする。

一　前項第一号から第三号までに掲げる事項が基本方針に照らし適切なものであること。

二　前項第二号から第四号までに掲げる事項が生産製造連携事業を確実に遂行するため適切なものであること。

（生産製造連携事業計画の変更等）

第五条　前条第一項の認定を受けた者（その者の設立に係る同項の法人を含む。以下「認定事業者」という。）は、当該認定に係る生産製造連携事業計画を変更しようとするときは、主務省令で定めるところにより、共同して、主務大臣の認定を受けなければならない。

2　主務大臣は、認定事業者が前条第一項の認定に係る生産製造連携事業計画（前項の規定による変更の認定があったときは、その変更後のもの。以下「認定生産製造連携事業計画」という。）に従って生産製造連携事業を行っていないと認めるときは、その認定を取り消すことができる。

3　前条第三項の規定は、第一項の認定について準用する。

一　計画の申請手続

計画の認定を受けようとする場合は、施行規則に定めるところにより申請様式に記入し、かつ、添付書類を付して、主務大臣に提出することとした。なお、計画作成者に「営もうとする者」及び「法人を設立しようとする者」が含まれている趣旨については、第二条第三項解説参照。

二　計画記載事項

計画認定の際には、当該計画の内容が基本方針に照らし適切かどうか、生産製造事業を確実に実施するために適切な内容となっているかどうかを確認することが必要である。

このため、以下の事項について、計画記載事項として規定することとした。

①　生産製造連携事業の目標

当該事業を実施しようとする者が、生産製造事業において達成を目指すコスト削減の数値など生産から製造までの一連の行程の改善の成果を目標として具体的に記載する。

②　生産製造連携事業の内容及び実施期間

農林漁業者等とバイオ燃料製造業者との間における具体的な取引関係の態様、農林漁業有機物資源の生産、バイオ燃料の製造に関して講ずる措置の内容、生産製造連携事業の実施体制に関する事項を記載する。

また、生産製造連携事業の実施期間（開始日及び終了日）についても記載する。

③　農林漁業有機物資源が廃棄物である場合にあっては、その適正な処理の確保に関する事項

農林漁業有機物資源には、廃棄物由来のものが一定量存在する。このような廃棄物が不適正に扱われ、生活環境に影響を及ぼすことが懸念されている。

このため、農林漁業有機物資源が廃棄物である場合は、上記のような不適切な処理が行われることがないようにすることが必要であることからこれに向けた具体的な措置の内容について記載する。

④　生産製造連携事業を実施するために必要な資金の額及びその調達方法

生産製造連携事業のための使途別の資金の額（人件費、設備投資費、原材料費）を記載するとともに、調達方法（補助金額、政府系金融機関、民間金融機関別の借入れ金額の別及び自己資金の額）を記載する。

三　計画認定要件

㈠　二の①から③までに掲げる事項が基本方針に照らして適切なものであること

生産製造連携事業の目標、内容及び実施期間について、基本方針に示された基本的方向、生産製造連携事業の実施に関する基本的な事項等に照らしてそれぞれ適切なものであること。

㈡　二の②から④までに掲げる事項が生産製造連携事業を確実に遂行するため適切なものであること

生産製造連携事業の内容が、計画に記載された実施体制や実施期間では、円滑な実施が期待できない場合、廃棄物である農林漁業有機物資源の処理方法が不適切である場合、資金の額が事業の実施に不十分である場合等のような場合は、事業を確実に遂行するため適切であるとは認められず、これを認定しないこととしている。

四　計画の変更等

認定を受けた生産製造連携事業計画の実施に当たっては、認定事業者は計画に従って円滑に実施することに努めなければならないが、経済事情の変動等により、その計画の実施期間、資金計画等を変更しなければならないことも想定される。このような場合において、認定事業者は、施行規則に定めるところにより計画の変更について、主務大臣の認定を受けなければならないこととした。

また、主務大臣は、認定事業者が認定生産製造連携事業計画（変更の認定があったときは、その変更後のもの。）に従って生産製造連携事業を行っていないと認めるときは、その認定を取り消すことができることとしている。国は、認定生産製造連携事業計画の実施に遅滞があると認めるときは、その変更や、確実な実施を求めることとしているが、事業の円滑な遂行に著しい支障を生じており、その結果、その認定基準に該当しなくなると認められる場合は、認定生産製造連携事業計画を取り消すことができることとした。

（研究開発事業計画の認定）

第六条　研究開発事業を行おうとする者（研究開発事業を行う法人を設立しようとする者を含む。）は、研究開発事業に関する計画（以下「研究開発事業計画」という。）を作成し、主務省令で定めるところにより、これを主務大臣に提出して、その研究開発事業計画が適当である旨の認定を受けることができる。

2　研究開発事業計画には、次に掲げる事項を記載しなければならない。

一　研究開発事業の目標

二　研究開発事業の内容及び実施期間

三　研究開発事業を実施するために必要な資金の額及びその調達方法

3　主務大臣は、第一項の認定の申請があった場合において、その研究開発事業計画が次の各号のいずれにも適合するものであると認めるときは、その認定をするものとする。

一　前項第一号及び第二号に掲げる事項が基本方針に照らし適切なものであること。

二　前項第二号及び第三号に掲げる事項が研究開発事業を確実に遂行するため適切なものであること。

（研究開発事業計画の変更等）

第七条　前条第一項の認定を受けた者（その者の設立に係る同項の法人を含む。以下「認定研究開発事業者」という。）は、当該認定に係る研究開発事業計画を変更しようとするときは、主務省令で定めるところにより、主務大臣の認定を受けなければならない。

2　主務大臣は、認定研究開発事業者が前条第一項の認定に係る研究開発事業計画（前項の規定による変更の認定があったときは、その変更後のもの。以下「認定研究開発事業計画」という。）に従って研究開発事業を行っていないと認めるときは、その認定を取り消すことができる。

3　前条第三項の規定は、第一項の認定について準用する。

一　計画の申請手続

計画の認定を受けようとする場合は、施行規則に定めるところにより申請様式に記入し、かつ、添付書類を付して、主務大臣に提出することとした。なお、計画作成者に「営もうとする者」及び「法人を設立しようとする者」が含まれている趣旨については、第二条第四項解説参照。

二　計画記載事項

計画認定の際には、当該計画の内容が基本方針に照らし適切かどうか、研究開発事業を確実に実施するために適切な内容となっているかどうかを確認することが必要である。

このため、以下の事項について、計画記載事項として規定することとする。

①　研究開発事業の目標

当該事業を実施しようとする者が、研究開発事業において達成を目指す具体的な品種、技術等の研究開発の成果を目標として具体的に記載する。

②　研究開発事業の内容及び実施期間

研究開発事業の内容として、研究開発の具体的手法・手段や実施体制に関するものを記載する。具体的には、当該研究開発事業に用いる理論と当該理論を実証するための試験方法、研究に関わる人材の経歴や他の研究機関との連携体制等について記載する。

また、研究開発事業の実施期間（開始日及び終了日）についても記載する。

③　研究開発事業を実施するために必要な資金の額及びその調達方法

研究開発事業のための使途別の資金の額（人件費、設備投資費、原材料費）を記載するとともに、調達方法（補助金額、政府系金融機関、民間金融機関別の借入れ金額の別及び自己資金の額）を記載する。

三　計画認定要件

㈠　二の①及び②に掲げる事項が基本方針に照らして適切なものであること

研究開発事業の目標、内容及び実施期間について、基本方針に示された基本的方向、研究開発事業の実施に関する基本的な事項等に照らしてそれぞれ適切なものであること。

㈡　二の②及び③に掲げる事項が研究開発事業を確実に遂行するため適切なものであること

研究開発事業の内容が、計画に記載された実施体制や実施期間では、円滑な実施が期待できない場合、資金の額が事業の実施に不十分である場合等のような場合は、事業を確実に遂行するため適切であるとは認められず、これを認定しないこととしている。

四　計画の変更等

認定を受けた研究開発事業計画の実施に当たっては、認定研究開発事業者は計画に従って円滑に実施することに努めなければならないが、経済事情の変動等により、その計画の実施期間、資金計画等を変更しなければならないことも想定される。このような場合において、認定研究開発事業者は、施行規則に定めるところにより計画の変更について、主務大臣の認定を受けなければならないこととした。

また、主務大臣は、認定研究開発事業者が認定研究開発事業計画（変更の認定があったときは、その変更後のもの。）に従って研究開発事業を行っていないと認めるときは、その認定を取り消すことができることとしている。国は、認定研究開発事業計画の実施に遅滞があると認めるときは、その変更や、確実な実施を求めることとしているが、事業の円滑な遂行に著しい支障を生じており、その結果、その認定基準に該当しなくなると認められる場合は、認定研究開発事業計画を取り消すことができる。

（農業改良資金助成法の特例）
第八条　農業改良資金助成法（昭和三十一年法律第百二号）第二条の農業改良資金（同法第五条第一項の特定地域資金を除く。）であって、認定事業者（認定事業者が農業協同組合等である場合にあっては、その構成員を含む。次条及び第十条において同じ。）が認定生産製造連携事業計画に従って第二条第三項第二号イに掲げる措置を実施するのに必要なものの償還期間（据置期間を含む。次条及び第十条において同じ。）は、同法第五条第一項の規定にかかわらず、十二年を超えない範囲内で政令で定める期間とする。
（林業・木材産業改善資金助成法の特例）
第九条　林業・木材産業改善資金助成法（昭和五十一年法律第四十二号）第二条第一項の林業・木材産業改善資金であって、認定事業者が認定生産製造連携事業計画に従って第二条第三項第二号イに掲げる措置を実施するのに必要なものの償還期間は、同法第五条第一項の規定にかかわらず、十二年を超えない範囲内で政令で定める期間とする。
（沿岸漁業改善資金助成法の特例）
第十条　沿岸漁業改善資金助成法（昭和五十四年法律第二十五号）第二条第二項の経営等改善資金及び同条第四項の青年漁業者等養成確保資金のうち政令で定める種類の資金であって、認定事業者が認定生産製造連携事業計画に従って第二条第三項第二号イに掲げる措置を実施するのに必要なものの償還期間は、同法第五条第二項の規定にかかわらず、その種類ごとに、十二年を超えない範囲内で政令で定める期間とする。

【施行令】
（農業改良資金の償還期間の特例）

第五条　法第八条の政令で定める期間は、十二年以内とする。

（林業・木材産業改善資金の償還期間の特例）

第六条　法第九条の政令で定める期間は、十二年以内とする。

（沿岸漁業改善資金の償還期間の特例）

第七条　法第十条の政令で定める種類の資金及びその種類ごとの政令で定める期間は、次の表のとおりとする。

	資金の種類	期間
一	沿岸漁業改善資金助成法施行令（昭和五十四年政令第百二十四号）第二条の表第一号から第四号までに掲げる資金	九年以内
二	沿岸漁業改善資金助成法施行令第二条の表第五号に掲げる資金	五年以内
三	沿岸漁業改善資金助成法施行令第二条の表第六号及び第七号並びに第四条の表第三号に掲げる資金	十二年以内

一　農業改良資金、林業・木材産業改善資金及び沿岸漁業改善資金（以下「農業改良資金等」という。）は、農業改良資金助成法（昭和三一年法律第一〇二号）、林業・木材産業改善資金助成法（昭和五一年法律第四二号）及び沿岸漁業改善資金助成法（昭和五四年法律第二五号）に基づく無利子資金であって、農林漁業者等が経営の改善を目的として新たな生産方式の導入等を図ることを支援するために措置されている。

二　農業改良資金等の償還期間については、効率的で安定的な農林漁業の経営を育成する観点から、償還後の所得をもって他産業並みの所得が確保されるよう、一〇年を超えない範囲内で政令で定める期間とされている（農業改良資金助成法第五条第一項、林業・木材産業改善資金助成法第五条第一項及び沿岸漁業改善資金助成法第五条第二項）。

三　農林漁業者等によるバイオ燃料の原材料生産の取組は、

①　バイオ燃料の原材料を生産するための機械（稲わら収集機、木材チッパー等）が追加的に必要となること

② 安定した原材料供給のためには、ある程度のまとまった経営規模が必要であり、対応する性能をもった機械設備（大型のコンバイン、トラクター等）は、通常のものに比べ高額となること

等の新たな資金需要が生じるとの事情がある。一方、バイオ燃料の原材料用に販売する場合は、一般の食用・飼料用に比べて引取価格が安いため、年間に得られる利益は他の作物と比較して低い状況となっている。

四 これらの取組を支援するための金融措置は、新作物分野・新技術等のチャレンジのための資金として、最も有利な無利子の金融制度である農業改良資金等によることが適切である。また、その利用に当たっても、年間の償還額をできる限り低減することが重要である。

五 このため、生産製造連携事業計画の認定事業者（農業協同組合等の直接又は間接の構成員を含む。）について、認定生産製造連携事業計画に従って農林漁業有機物資源の生産に係る措置（運搬に係る措置を含む。）を実施するのに必要なもの の農業改良資金等の貸付けを受ける場合は、償還期間を一〇年以内から一二年以内にそれぞれ延長する特例措置を講ずることとした。

六 このうち沿岸漁業改善資金助成法の特例については、

① 農業改良資金助成法及び林業・木材産業改善資金助成法と異なり、沿岸漁業改善資金助成法の資金の具体的な「種類」を政令で規定していること（同法第二条第二項から第四項まで、同法施行令第二条から第四条まで）

② 沿岸漁業改善資金助成法が資金の「種類ごと」に償還期間を定めることとしていること（同法第五条第二項）から、本法の特例の対象とする資金の種類を規定するに当たっても、本法の特例の対象となる資金を政令で限定し、償還期間について、「その種類ごと」に定めることとした。

七 具体的には、政令において、農業改良資金及び林業・木材産業改善資金の償還期間については、一二年以内に延長することとするとともに、沿岸漁業改善資金については、経営等改善資金及び青年漁業者等養成確保資金のうち一定の種類の資金の償還期間を四年以内、七年以内、一〇年以内から、五年以内、九年以内、一二年以内にそれぞれ一又は二年延長す

ることとした。

（中小企業投資育成株式会社法の特例）

第十一条　中小企業投資育成株式会社は、中小企業投資育成株式会社法（昭和三十八年法律第百一号）第五条第一項各号に掲げる事業のほか、次に掲げる事業を行うことができる。

一　中小企業者又は事業を営んでいない個人が認定生産製造連携事業計画又は認定研究開発事業計画に従って第二条第三項第二号ロに掲げる措置を実施し、又は研究開発事業を行うために資本金の額が三億円を超える株式会社を設立する際に発行する株式の引受け及び当該引受けに係る株式の保有

二　中小企業者のうち資本金の額が三億円を超える株式会社が認定生産製造連携事業計画又は認定研究開発事業計画に従って第二条第三項第二号ロに掲げる措置を実施し、又は研究開発事業を行うために必要とする資金の調達を図るために発行する株式、新株予約権（新株予約権付社債に付されたものを除く。）又は新株予約権付社債等（中小企業投資育成株式会社法第五条第一項第二号に規定する新株予約権付社債等をいう。以下この号及び次項において同じ。）の引受け及び当該引受けに係る株式、新株予約権（その行使により発行され、又は移転された株式を含む。）又は新株予約権付社債等（新株予約権付社債等に付された新株予約権の行使により発行され、又は移転された株式を含む。）の保有

2　前項第一号の規定による株式の引受け及び当該引受けに係る株式の保有並びに同項第二号の規定による株式、新株予約権（新株予約権付社債に付されたものを除く。）又は新株予約権付社債等の引受け及び当該引受けに係る株式、新株予約権（その行使により発行され、又は移転された株式を含む。）又は新株予約権付社債等（新株予約権付社債等に付された新株予約権の行使により発行され、又は移転された株式を含む。）の保有は、中小企業投資育成株式会社法の適用については、それぞれ同法第五条第一項第一号及び第二号の事業とみなす。

3　第一項各号の「中小企業者」とは、次の各号のいずれかに該当する者をいう。

一　資本金の額又は出資の総額が三億円以下の会社並びに常時使用する従業員の数が三百人以下の会社及び個人であって、製造業、建設業、運輸業その他の業種（次号から第四号までに掲げる業種及び第五号の政令で定める業種を除く。）に属する事業を主たる事業として営むもの

二　資本金の額又は出資の総額が一億円以下の会社並びに常時使用する従業員の数が百人以下の会社及び個人であって、卸売業（第五号の政令で定める業種を除く。）に属する事業を主たる事業として営むもの

三　資本金の額又は出資の総額が五千万円以下の会社並びに常時使用する従業員の数が百人以下の会社及び個人であって、サービス業（第五号の政令で定める業種を除く。）に属する事業を主たる事業として営むもの

四　資本金の額又は出資の総額が五千万円以下の会社並びに常時使用する従業員の数が五十人以下の会社及び個人であって、小売業（次号の政令で定める業種を除く。）に属する事業を主たる事業として営むもの

五　資本金の額又は出資の総額がその業種ごとに政令で定める金額以下の会社並びに常時使用する従業員の数がその業種ごとに政令で定める数以下の会社及び個人であって、その政令で定める業種に属する事業を主たる事業として営むもの

六　企業組合

七　協業組合

八　事業協同組合、協同組合連合会その他の特別の法律により設立された組合及びその連合会であって、政令で定めるもの

一　特例の趣旨及び内容

㈠　中小企業投資育成株式会社は、中小企業の自己資本の充実を促進し、その健全な成長発展を図るため、中小企業に対する投資等の事業を行うことを目的とする中小企業投資育成株式会社法（昭和三八年法律第一〇一号。以下「投育法」という。）に基づ

く特殊会社である。

同会社は、その目的を達成するため、資本金の額が三億円以下の株式会社の設立に際して発行する株式の引受け及び保有（投育法第五条第一項第一号）、資本金の額が三億円以下の株式会社の発行する株式、新株予約権又は新株予約権付社債等（以下「株式等」という。）の引受け及び保有（投育法第五条第一項第二号）等の業務を行うこととしている。

㈡　農林漁業有機物資源のバイオ燃料の原材料としての利用については、

①　バイオエタノールの製造ための設備投資については、年産一万キロリットル程度の生産能力の施設の場合数十億円必要であること

②　新品種の育成や新たなバイオ燃料の製造方法の開発等に当たっては、必要とされる資金規模が大きくなる場合が多いこと

等の理由により、事業を実施する株式会社の資本金が三億円を超えることも想定されるが、このような資本金の額が三億円を超えた会社は、本来、中小企業投資育成株式会社から直接金融を受けることができない。

しかしながら、このような資本金の大きな株式会社についても、

①　従来我が国に存在していなかった新たな取組であり、経営ノウハウが不足している

②　化石燃料との競争となることから、原油価格の動向に経営状況が大きく左右される

等、不安定な経営を招く要因を抱えており、その信用力は中小企業と同様であることから同社による直接金融を受ける必要性が高い。

㈢　このため、このような資本金三億円を超える企業であっても、一定以下の従業員数である等の要件を満たす株式会社について、中小企業投資育成株式会社による以下の支援措置を講ずることとすることとした。

①　中小企業者又は個人が認定された生産製造連携事業計画又は研究開発事業計画に従って特定バイオ燃料の製造に係る措置を実施し、又は研究開発を実施するために株式会社を設立する際には、資本金が三億円を超えていても投資の

対象とすることとした。

② 中小企業者（株式会社）が認定された生産製造連携事業計画又は認定研究開発事業計画に従って特定バイオ燃料の製造に係る措置を実施し、又は研究開発を実施するために必要な資本調達を図る際には、資本金が三億円を超えていても投資の対象とすることとした。

㈣ なお、農林漁業有機物資源の生産側の実施に関しては、数十億円といった大規模な設備投資が必要なケースは想定しがたく、本特例の活用は見込まれないことから、農林漁業者等に対しては、本特例の対象としないこととした。

【施行令】

（中小企業者の範囲）

第八条　法第十一条第三項第五号に規定する政令で定める業種並びにその業種ごとの資本金の額又は出資の総額及び従業員の数は、次の表のとおりとする。

	業種	資本金の額又は出資の総額	従業員の数
一	ゴム製品製造業（自動車又は航空機用タイヤ及びチューブ製造業並びに工業用ベルト製造業を除く。）	三億円	九百人
二	ソフトウェア業又は情報処理サービス業	三億円	三百人
三	旅館業	五千万円	二百人

2　法第十一条第三項第八号の政令で定める組合及び連合会は、次のとおりとする。

一　事業協同組合、事業協同小組合及び協同組合連合会

二　農業協同組合、農業協同組合連合会及び農事組合法人

三　漁業協同組合、漁業生産組合、漁業協同組合連合会、水産加工業協同組合及び水産加工業協同組合連合会
四　森林組合、生産森林組合及び森林組合連合会
五　商工組合及び商工組合連合会
六　鉱工業技術研究組合であって、その直接又は間接の構成員の三分の二以上が法第十一条第三項第一号から第七号までに規定する中小企業者であるもの

二　「中小企業者」の定義について

㈠　投育法においては、「中小企業者」の定義が規定されていないため、本条において、中小企業者の定義を定める必要がある。

㈡　このため、投育法の特例を設けている他法の例（エネルギー等の使用の合理化及び資源の有効な利用に関する事業活動の促進に関する臨時措置法（平成五年法律第一八号）、新エネルギー利用等の促進に関する特別措置法（平成九年法律第三七号）等）に倣い、対象となる「中小企業者」を規定している。

㈢　具体的には、以下の規定ぶりとしている。

①　製造業、建設業、運輸業その他の業種（法第八条第三項第一号）、卸売業（同項第二号）、サービス業（同項第三号）、小売業（同項第四号）

会社及び個人の規模基準については他法と同様、中小企業基本法（昭和三八年法律第一五四号）第二条第一項各号の規定に倣っている。

②　政令で定める業種（法第八条第三項第五号）

第五号では、画一的に中小企業者の範囲を定めることによる弊害を避け、業種ごとの実態に応じた例外を認める途を残すため、政令特例業種を認めている。

政令においては、資本金及び従業員の区分別に見た場合に、他の業種に比べて従業員一人当たりの生産額、付加価値額、平均賃金等についてのギャップがある、ゴム製品製造業、ソフトウェア業又は情報処理サービス業及び旅館業を規定した。

③ 企業組合（法第八条第三項第六号）、協業組合（同項第七号）

企業組合及び協業組合については、組合員の協業禁止の規定がある等組合自体が一個の企業に準ずるものとされており、第一号から第五号までの会社及び個人に近似しているため、出資金額、従業員数を問わず中小企業者の範囲に含めることが適当である。

「企業組合」とは、中小企業等協同組合法（昭和二四年法律第一八一号）に基づいて設立される法人であり、中小企業者が共同して商業、工業、鉱業、運送業、サービス業その他の事業を行うものをいう（同法第一条、第九条の一〇）。

「協業組合」とは、中小企業団体の組織に関する法律（昭和三二年法律第一八五号）に基づいて設立される法人であり、その組合員の生産、販売その他の事業活動についての協業を図ることにより、企業規模の適正化による生産性の向上等を効率的に推進し、その共同の利益を増進することを目的とするものである（同法第五条の二、第五条の三）。

④ 事業協同組合、協同組合連合会等政令で定めるもの（法第八条第三項第八号）

第八号においては、事業協同組合、協同組合連合会その他の特別の法律により設立された組合及びその連合会であって、政令で定めるものを中小企業者に含めることとしている。

ここで政令指定する組合は、中小企業者が組織するもの又は中小企業性が認められる農業協同組合などの法人であり、かつ、本事業の効果的な実施に資する組合に限るものとし、政令において、第八条第二項に掲げる一七法人を指定した。

（産業廃棄物の処理に係る特定施設の整備の促進に関する法律の特例）

第十二条　産業廃棄物の処理に係る特定施設の整備の促進に関する法律（平成四年法律第六十二号）第十六条第一項の規定により指定された産業廃棄物処理事業振興財団（次項において「振興財団」という。）は、同法第十七条各号に掲げる業務のほか、次に掲げる業務を行うことができる。

一　認定事業者（認定事業者が事業協同組合等である場合にあっては、その構成員を含む。）が認定生産製造連携事業計画に従って行う特定バイオ燃料の製造（産業廃棄物（廃棄物の処理及び清掃に関する法律第二条第四項に規定する産業廃棄物をいう。次号において同じ。）の処理に該当するものに限る。）の用に供する施設の整備の事業に必要な資金の借入れに係る債務を保証すること。

二　認定研究開発事業者が認定研究開発事業計画に従って行う研究開発事業（産業廃棄物の適正な処理の確保に資するものに限る。）に必要な資金に充てるための助成金を交付すること。

三　前二号に掲げる業務に附帯する業務を行うこと。

2　前項の規定により振興財団が同項各号に掲げる業務を行う場合には、産業廃棄物の処理に係る特定施設の整備の促進に関する法律第十八条第一項中「第四号まで」とあるのは「第四号まで及び農林漁業有機物資源のバイオ燃料の原材料としての利用の促進に関する法律（以下「利用促進法」という。）第十二条第一項第一号」と、同法第十九条中「第十七条各号」とあるのは「第十七条各号及び利用促進法第十二条第一項各号」と、同法第二十一条第二号中「に掲げる業務及び」とあるのは「及び利用促進法第十二条第一項第一号に掲げる業務並びに」と、同条第三号中「に掲げる業務及びこれに」とあるのは「及び利用促進法第十二条第一項第二号に掲げる業務並びにこれらに」と、同法第二十二条第一項、第二十三条及び第二十四条第一項第一号中「第十七条各号」とあるのは「第十七条各号又は利用促進法第十二条第一項各号」と、同法第二十三条中「この章」とあるのは「この章又は利用促進法」と、同法第二十四条第一項第三号中「この章」とあるのは「この章若しくは利用促進法」と、同法第三十条中「第二十二条第一項」とあるのは「第二十二条第一項（利用促進法第十二条第二項の規定により読み替えて適用する場合を含む。以下この条において同じ。）」と、「同項」とあるのは「第二十二条第一項」とする。

一　特例の趣旨

㈠　我が国においては、現時点において資源作物の作付けはほとんど見られない一方、廃棄物である農林漁業有機物資源は、相当程度存在する。

廃棄物である農林漁業有機物資源をバイオ燃料の原材料として活用することは、今まで未利用・低利用にとどまっていた農林漁業有機物資源の有効な利用の確保を図る上で極めて重要である。

㈡　このうち、産業廃棄物である農林漁業有機物資源をバイオ燃料の原材料として活用することについては、

①　その再生処理を担う産業廃棄物処理業者の大半が信用力・資本力が不足しており、資金面での問題から産業廃棄物の処分としてのバイオ燃料の製造を実施することが難しく、資金の融通の円滑化が必要となっていること

②　実際に事業を行うに当たって、産業廃棄物の処分として実用化されているバイオ燃料の製造方法は、ペレット化、木炭化、メタンガスの製造方法等に限られており、多種多様な産業廃棄物である農林漁業有機物資源の特性に応じた燃料の製造（例えば、リグニンを多く含む廃棄物である農林漁業有機物資源からのエタノール製造）などについては未だ研究開発段階であり、更なる研究開発が必要となっていること

が課題となっている。

㈢　一方、産業廃棄物処理事業振興財団（以下「振興財団」という。）は、産業廃棄物の処理に係る特定施設の整備の促進に関する法律（平成四年法律第六二号。以下「整備促進法」という。）第一六条第一項に基づき環境大臣が指定する「産業廃棄物の適正な処理の確保に資することを目的とする一般財団法人」であり、

① 産業廃棄物処分業者が共同で行う産業廃棄物処理施設の整備に必要な借入れに係る債務保証（整備促進法第一七条第三号）
② 産業廃棄物処分業者に対し、産業廃棄物の処理に関する新たな技術開発に必要な助成金の交付（整備促進法第一七条第五号）
等の業務を行っている。

今後、産業廃棄物である農林漁業有機物資源をバイオ燃料の原材料として有効に活用するためには、振興財団が行ってきたこれらの業務の知見を活用し、支援対象を広げて、取組を支援していくことが適当と考えられる。

二　特例措置の内容

(一)　整備促進法の特例として、振興財団が以下の業務を行うことができることとした。

①　認定事業者（認定事業者が事業協同組合等である場合にあっては、その構成員を含む。）が認定生産製造連携事業計画に従って行う特定バイオ燃料の製造（産業廃棄物の処理に該当するものに限る。）の用に供する施設の整備を行う場合について、当該事業に必要な資金の借入れに係る債務を保証すること（整備促進法第一七条第三号の業務の特例）

この特例措置により、整備促進法第一七条第三号の債務保証の業務に加え、新たに、

1）産業廃棄物処分業者が、単独で行うバイオ燃料製造施設の整備（第一七条第三号は産業廃棄物処分業者が「共同」して施設を整備する場合に限られる。）、

2）廃棄物処分業の許可を得ようとする者が行うバイオ燃料製造施設の整備、

が振興財団による債務保証の対象となる。

②　認定研究開発事業者が認定研究開発事業計画に従って行う研究開発事業（産業廃棄物の適正な処理の確保に資するものに限る。）について、振興財団が当該事業に必要な資金に充てるための助成金を交付すること（整備促進法第一七条第五号の業務の特例）

この特例措置により、整備促進法第一七条第五号の助成金の交付の業務に加え、新たに、

1）産業廃棄物処分業者でない者（大学や研究機関）が行う研究開発、

2）新技術の開発の前段階と位置づけられる基礎的な研究（例えば、農林漁業有機物資源からの炭の製造と有害物質除去方法の研究）

が振興財団による助成金交付の対象となる。

㈡ 振興財団の業務の特例を定めるにあたっては、振興財団の既存の業務に適用される整備促進法の規定と本法の規定により追加される業務との関係を明らかにするため、本法第一二条第二項で同条第一項の業務に関し必要な整備促進法の規定の読替えを行うこととする。

具体的には、以下のとおりである。

① 振興財団は、その業務のうち債務保証に関するものについて、金融機関に委託することができるとされている（整備促進法第一八条第一項）。本法に基づき行う㈠の①の債務保証業務についても、同様に、金融機関に委託することができることとする。

② 振興財団は、その業務に関する基金を設け、その業務に要する費用に充てることを条件として事業者等から出えんされた金額の合計額をもって基金に充てるものとされている。㈠の①及び②の業務についても、これらの業務に関する基金を設けることとする。

③ 振興財団は、以下のとおり区分経理している。

1） 二以上の産業廃棄物処理施設の一体的な設置等に対する債務の保証

2） 産業廃棄物処分業者が共同して行う処理施設の整備等に対する債務保証

3） 産業廃棄物の処理に関する新技術の開発等への助成金の交付

4） 産業廃棄物の処理に関する情報、資料の収集等

㈠の①の債務保証業務については2)に、㈠の②の助成金の交付業務については3)にそれぞれ区分経理させること

により、振興財団の経理の適正な管理を行うこととする。

④ ㈠の業務を適正に実施させるため、以下のとおり取り扱う。

1) ㈠の業務に関して環境大臣が振興財団に対し報告徴収、立入検査及び監督命令を行うことができることとする。

2) ㈠の業務を適正かつ確実に実施することができない場合や本法の規定又は当該規定に基づく命令・処分に違反したときは環境大臣による指定の取消しを行うことができるものとする。

3) ㈠の業務についての主務大臣への虚偽報告又は検査忌避等について二〇万円以下の罰金に処するものとする。

（種苗法の特例）

第十三条　農林水産大臣は、認定研究開発事業計画に従って行われる研究開発事業の成果に係る出願品種（種苗法（平成十年法律第八十三号）第四条第一項に規定する出願品種をいい、当該認定研究開発事業計画における研究開発事業の実施期間の終了日から起算して二年以内に品種登録出願されたものに限る。以下この項において同じ。）に関する品種登録出願について、その出願者が次に掲げる者であって当該研究開発事業を行う認定研究開発事業者であるときは、政令で定めるところにより、同法第六条第一項の規定により納付すべき出願料を軽減し、又は免除することができる。

一　その出願品種の育成（種苗法第三条第一項に規定する育成をいう。次項第一号において同じ。）をした者

二　その出願品種が種苗法第八条第一項に規定する従業者等（次項第二号において「従業者等」という。）がした同条第一項に規定する職務育成品種（次項第二号において「職務育成品種」という。）であって、契約、勤務規則その他の定めによりあらかじめ同条第一項に規定する使用者等（以下この条において「使用者等」という。）が品種登録出願をすることが定められている場合において、その品種登録出願をした使用者等

2　農林水産大臣は、認定研究開発事業計画に従って行われる研究開発事業の成果に係る登録品種（種苗法第二十条第一項に規定する登録品種をいい、当該認定研究開発事業計画における研究開発事業の実施期間の終了日から起算して二年以内に品種登録出願されたものに限る。以下この項において同じ。）について、同法第四十五条第一項の規定による第一年から第六年までの各年分の登録料を納付すべき者が次に掲げる者であって当該研究開発事業を行う認定研究開発事業者であるときは、政令で定めるところにより、登録料を軽減し、又は免除することができる。

一　その登録品種の育成をした者

二　その登録品種が従業者等がした職務育成品種であって、契約、勤務規則その他の定めによりあらかじめ使用者等

が品種登録出願をすること又は従業者等がした品種登録出願の出願者の名義を使用者等に変更することが定められている場合において、その品種登録出願をした使用者等又はその従業者等がした品種登録出願の出願者の名義の変更を受けた使用者等

【施行令】

（出願料の軽減）

第九条　法第十三条第一項の規定により出願料の軽減を受けようとする者は、次に掲げる事項を記載した申請書に、申請に係る出願品種が認定研究開発事業計画に従って行われる研究開発事業の成果に係るものであることを証する書面を添付して、農林水産大臣に提出しなければならない。

一　申請人の氏名又は名称及び住所又は居所

二　申請に係る出願品種の属する農林水産植物（種苗法（平成十年法律第八十三号）第二条第一項に規定する農林水産植物をいう。）の種類及び当該出願品種の名称

三　法第十三条第一項第一号に掲げる者又は同項第二号に掲げる者の別

四　出願料の軽減を受けようとする旨

2　法第十三条第一項第二号に掲げる者が前項の申請書を提出する場合には、同項の規定により添付しなければならないこととされる書面のほか、次に掲げる書面を添付しなければならない。

一　申請に係る出願品種が種苗法第八条第一項に規定する従業者等（次条第二項において「従業者等」という。）がした同法第八条第一項に規定する職務育成品種（次条第二項第一号において「職務育成品種」という。）であることを証する書面

二　申請に係る出願品種についてあらかじめ種苗法第八条第一項に規定する使用者等（次条第二項第二号において「使用者等」という。）が品種登録出願をすることが定められた契約、勤務規則その他の定めの写し

3　農林水産大臣は、第一項の申請書の提出があったときは、種苗法第六条第一項の規定により納付すべき出願料の額の四分の三に相当する額を軽減するものとする。

（登録料の軽減）

第十条　法第十三条第二項の規定により登録料の軽減を受けようとする者は、次に掲げる事項を記載した申請書に、申請に係る登録品種が認定研究開発事業計画に従って行われる研究開発事業の成果に係るものであることを証する書面を添付して、農林水産大臣に提出しなければならない。

一　申請人の氏名又は名称及び住所又は居所

二　申請に係る登録品種の品種登録（種苗法第三条第一項に規定する品種登録をいう。）の番号

三　法第十三条第二項第一号に掲げる者又は同項第二号に掲げる者の別

四　登録料の軽減を受けようとする旨

2　法第十三条第二項第二号に掲げる者が前項の申請書を提出する場合には、同項の規定により添付しなければならないこととされる書面のほか、次に掲げる書面を添付しなければならない。

一　申請に係る登録品種が従業者等がした職務育成品種であることを証する書面

二　申請に係る登録品種についてあらかじめ使用者等が品種登録出願をすること又は従業者等がした品種登録出願の出願者の名義を使用者等に変更することが定められた契約、勤務規則その他の定めの写し

3　農林水産大臣は、第一項の申請書の提出があったときは、種苗法第四十五条第一項の規定による第一年から第六年までの各年分の登録料の額の四分の三に相当する額を軽減するものとする。

一　現状

㈠　バイオ燃料の原材料向けとして作物を栽培し、当該作物を活用してバイオ燃料を生産する取組については、コスト、品質及び供給量の面で、燃料製造業者のニーズに応じた生産が困難であることから、現状ではほとんど実施されていないのが現状である。

この問題の解決に向けては、多収性・高アルコール変換効率といったバイオ燃料の原材料に求められる形質を有する品種の育成が重要となっている。

㈡　バイオ燃料向けの作物の新品種の育成に関しては、従来から、農業・食品産業技術総合研究機構などの独立行政法人が主体となって、地方公共団体の公設試験場等の協力を得つつ取組が行われてきたところであるが、商業的な作付けを可能とする品種の開発には未だに至っていないのが現状である。

また、種苗会社など民間企業においては、バイオ燃料向けの資源作物の研究に関しては、育種に要する期間、費用が相当必要である一方、現在資源作物の商業的な栽培が行われていない中で、商品としての価値が未知数であることから、リスクが相当高いため、取組がほとんどみられていない。

㈢　資源作物の開発は、広く農林漁業の持続的かつ健全な発展に特に資するものであり、国民全体の利益となる性質が特に高いものである。

また、新品種の育成に大きな役割を果たすことが期待される種苗会社等の民間企業や地方公共団体の公設試験場について、これらの有する潜在能力を最大限活用するためには、従来の対策とは異なった、動機付けの強化が必要である。

二　具体的な支援策

以上のような状況を踏まえ、主務大臣の認定を受けた研究開発事業計画の成果として育成された品種については、リスク低減のための措置として、以下のとおり種苗登録に関連して国に納付する費用の減免措置を講じることとしたものである。

㈠　出願料の減免

バイオ燃料向け品種の種苗登録出願時の負担を軽減するため、出願料について減免措置を講じることとした。

㈡　登録料の減免

バイオ燃料向け品種の品種登録を維持する際の負担を軽減するため、登録された種苗が商業的ベースでの販売が軌道に乗るまでの期間を勘案して、登録一年目から六年目までの登録料について減免措置を講じることとした。

登録料の減免措置を六年間に限定するのは、

①　特許料について同様の特例を設けている例（中小企業のものづくり基盤技術の高度化に関する法律（平成一八年法律第三三号））において六年間の減免措置となっていること

②　登録品種の平均存続年数が五年程度となっていること

を踏まえつつ、商業ベースでの販売が軌道に乗った状態になっても減免措置を継続することは適当ではないためである。なお、特許法の特許料の減免措置を講じている中小企業ものづくり基盤技術の高度化に関する法律の例においては、特許料納付を猶予する規定を設けている。種苗法に基づく登録料については、特許料と比較して少額であり、また、猶予では終局的には支払いを行わなければならないことから、新品種開発への動機付けに乏しいため、本法では措置しないこととする。

具体的減免措置については、出願料・登録料について、品種育成者の十分な動機付けとなるよう、四分の三を軽減することとした（政令第九条第三項及び第一〇条第三項）。

この際、出願料・登録料を全額免除することも考えられるが、全額免除とした場合、無秩序な申請が行われる可能性があり、種苗登録の審査業務に悪影響を及ぼすおそれがあるため、一部品種育成者の負担分を残すことにより、無秩序な申請を防止するものとなると考えられる。

（注）種苗登録制度と同じく知的所有権の保護制度である特許制度においても、申請料・特許料について、以下の例のように、様々な観点から減免措置を講じているところである。

① 産業技術力の強化の観点から、産業技術力強化法（平成一二年法律第四四号）により、独立行政法人、国立大学法人、研究開発型中小企業者等に対して申請料及び特許取得後一〜三年目までの特許料の二分の一を軽減

② 中小企業による基盤的な技術開発を推進する観点から、中小企業のものづくり基盤技術の高度化に関する法律に基づき、国が計画認定を行った中小企業者に対して申請料及び特許取得後一〜六年目までの特許料の二分の一を軽減

（国の施策）

第十四条　国は、農林漁業有機物資源のバイオ燃料の原材料としての利用を促進するため、情報の提供、研究開発の推進及びその成果の普及その他の必要な施策を講ずるとともに、農林漁業有機物資源のバイオ燃料の原材料としての利用の促進の意義に対する国民の関心及び理解の増進に努めるものとする。

一　本法においては、農林漁業者等とバイオ燃料製造業者等が一体となって、農林漁業有機物資源の生産からバイオ燃料の製造までの一連の行程の総合的な改善を図る取組（生産製造連携事業）や農林漁業有機物資源のバイオ燃料の原材料としての利用の促進に特に資する研究開発（研究開発事業）を実施する者に対する支援措置を講じることとしている。

二　一方で、農林漁業有機物資源をバイオ燃料の原材料として利用するに当たっては、

①　バイオ燃料の原材料を生産する農林漁業者等あるいはバイオ燃料製造業者がどこにいるのか、活用可能な農林漁業有機物資源はどこにどれほどあるのか、化石燃料に対抗可能な原料コスト、製品コストはどれくらいか等、事業実施の前提となる情報が十分でないこと

②　高収量をもたらす遺伝子を特定する研究のような基礎的研究については、研究期間が長期化し、費用がかさむケースが多いこと

③　バイオ燃料の最終的な消費者である国民が農林漁業有機物資源を原材料とするバイオ燃料についての知識がまだ十分でないこと

という現状にある。

三　このため、本法に基づく支援措置に加え、国は、農林漁業有機物資源のバイオ燃料の原材料としての利用を促進するため、

① 情報の提供
② 研究開発の推進及びその成果の普及
③ その他の必要な施策

を講ずるとともに、

④ 農林漁業有機物資源のバイオ燃料の原材料としての利用の促進の意義に関する国民の関心及び理解の増進に努める旨の規定を置くこととした。

（資金の確保）

第十五条　国は、認定生産製造連携事業計画又は認定研究開発事業計画に従って行われる生産製造連携事業又は研究開発事業に必要な資金の確保に努めるものとする。

生産製造連携事業計画及び研究開発事業計画に係る取組は、新たな取組であることから、原料生産やバイオ燃料製造のコストが高い、リスクがある等の状況にあり、特に資金面での支援の必要性が高い。

これら事業の円滑な実施のためには、本法における農業改良資金助成法の特例、中小企業投資育成株式会社法の特例等の措置以外にも資金面での支援措置を講じていくことが、本法の目的を達成するためには特に重要である。

このため、第一四条における国の施策規定とは別に、本条で資金の確保に係る規定を置くこととした。

（指導及び助言）

第十六条　国は、認定生産製造連携事業計画又は認定研究開発事業計画に従って行われる生産製造連携事業又は研究開発事業の適確な実施に必要な指導及び助言を行うものとする。

一　本法は、農林漁業有機物資源のバイオ燃料の原材料としての利用の促進の意義及び基本的な方向、生産製造連携事業及び研究開発事業の実施に関する基本的な事項等に係る基本方針を定め、生産製造連携事業を行う農林漁業者等とバイオ燃料製造業者並びに研究開発事業を行う者に対して支援措置を講ずるものである。

二　しかしながら、生産製造連携事業計画及び研究開発事業計画に係る取組は、新たな取組であり、人材、資金、情報・知見も乏しく、当該事業を実施する際には、数多くの困難が伴うものである。

三　このため、計画の進捗状況が思わしくない認定事業については、国が指導及び助言を与えることにより、政策の実効性を一層高め、事業の円滑な実施を図ることが重要である。

したがって、認定生産製造連携事業計画又は認定研究開発事業計画に従って行われる生産製造連携事業又は研究開発事業について、国が指導及び助言を行う旨を規定することとした。

（報告の徴収）

第十七条　主務大臣は、認定事業者又は認定研究開発事業者に対し、認定生産製造連携事業計画又は認定研究開発事業計画の実施状況について報告を求めることができる。

（罰則）

第二十条　第十七条の規定による報告をせず、又は虚偽の報告をした者は、三十万円以下の罰金に処する。

2　法人の代表者又は法人若しくは人の代理人、使用人その他の従業者が、その法人又は人の業務に関し、前項の違反行為をしたときは、行為者を罰するほか、その法人又は人に対して同項の刑を科する。

一　生産製造連携事業計画又は研究開発事業計画について適正な事業の執行を確保するため、認定権者が事業の実施状況を確実に把握することができるよう、主務大臣が認定事業者又は認定研究開発事業者に対して報告を求めることができることとする旨を規定することとした。

二　また、一の報告徴収の実効性を担保することが不可欠であることから、認定事業者又は認定研究開発事業者が主務大臣から報告を求められた場合において、報告をせず、又は虚偽の報告をしたときにおける罰則を設けることとする。

この場合の罰則については、近年の法律の例にならい、「三〇万円以下の罰金」とした。

さらに、違反の直接の行為者である自然人を処罰しただけでは、その違反行為に対する抑止効果を十分に達成できないと考えられることから、法人自体も処罰する旨の両罰規定を置くこととした。

（主務大臣等）

第十八条　第三条第一項及び第五項から第七項までにおける主務大臣は、基本方針のうち、同条第二項第四号に掲げる事項に係る部分については農林水産大臣、経済産業大臣及び環境大臣とし、その他の部分については農林水産大臣及び経済産業大臣とする。

2　第四条第一項及び第三項（第五条第三項において準用する場合を含む。）、第五条第一項及び第二項、第六条第一項及び第三項（第七条第三項において準用する場合を含む。）、第七条第一項及び第二項並びに前条における主務大臣は、農林水産大臣及び経済産業大臣とする。ただし、廃棄物の処理に該当する措置を含む生産製造連携事業及び廃棄物の処理に関する研究開発を含む研究開発事業については、農林水産大臣、経済産業大臣及び環境大臣とする。

3　この法律における主務省令は、農林水産大臣、経済産業大臣及び環境大臣の発する命令とする。

一　本法は、農林漁業の持続的かつ健全な発展とエネルギーの供給源の多様化を目的とするため、農林漁業行政を所管する農林水産大臣とエネルギー行政を所管する経済産業大臣が、本法におけるすべての事務について主務大臣としている。

二　しかしながら、農林漁業有機物資源の中には、廃棄物由来のものが存在する。このような廃棄物が不適正に扱われると、生活環境に影響を及ぼしたり、バイオ燃料製造と称した不法な処理の温床になるおそれがあるため、廃棄物である農林漁業有機物資源を利用する際には、廃棄物の収集から処分に至る一連の行程において、廃棄物の適正な処理が確保される必要がある。

三　このため、本法においては、廃棄物の適正な処理の確保が図られるよう、基本方針、生産製造連携事業及び研究開発事業の一部について、環境大臣が適切に関与することとし、以下の事項について環境大臣を主務大臣とした。

①　基本方針における配慮事項（第三条第二項第四号）

②　生産製造連携事業（第四条・第五条）

生産製造連携事業は、農林漁業有機物資源の生産からバイオ燃料の製造までの一連の行程の総合的な改善を図るものであるが、この中には、廃棄物である農林漁業有機物資源の処理に関するものも含まれる。このため、廃棄物の処理に該当する措置を含む生産製造連携事業が適正に行われることを環境大臣が確認する必要があるため、廃棄物の処理に該当する措置を含む生産製造連携事業については環境大臣を主務大臣とした。

③　研究開発事業（第六条・第七条）

研究開発事業は、農林漁業有機物資源の効率的な生産に資する研究開発又はバイオ燃料の効率的な製造に資する研究開発を実施するものであるが、この中には廃棄物である農林漁業有機物資源の処理に関するものも含まれる。このため、廃棄物の処理に関する研究開発が適正に行われることを環境大臣が確認する必要があるため、廃棄物の処理に関する研究開発を含む研究開発事業については、環境大臣を主務大臣とした。

四　また、主務省令については、以下のとおり、農林水産大臣、経済産業大臣及び環境大臣の発する命令とすることとした。

①　主務省令で定める簡易な方法について（第二条第二項）

どのような燃料をバイオ燃料とするかは、その原材料が廃棄物であるか否かを問わず、生産製造連携事業及び研究開発事業に共通して関係する事項であることから、これら事業に係る計画の認定を行う農林水産大臣、経済産業大臣及び環境大臣の省令によることとした。

②　主務省令で定める行為について（第二条第三項）

どのような行為が農林漁業有機物資源をバイオ燃料の原材料として利用するために必要な行為であるかは、生産製造連携事業に共通して関係する事項であることから、当該計画に係る計画の認定を行う農林水産大臣、経済産業大臣及び環境大臣の省令によることとした。

③　申請書の提出につき、主務省令で定める方法（第四条第一項、第五条第一項、第六条第一項、第七条第一項）

生産製造連携事業計画及び研究開発事業計画の申請書の様式及び添付書類について定めるものであり、その原材料が廃棄物であるか否かを問わず、これら計画に共通して関係する事項であることから、これら計画の認定を行う農林水産大臣、経済産業大臣及び環境大臣の省令によることとした。

④　地方支分部局の長への委任（第一九条）

地方支分部局の長への委任は、農林水産大臣、経済産業大臣及び環境大臣のどの大臣も行うことが可能であるため、これら三大臣の省令によることとした。

（権限の委任）

第十九条　この法律に規定する主務大臣の権限は、主務省令で定めるところにより、地方支分部局の長に委任することができる。

法施行時においては、農林水産省、経済産業省及び環境省それぞれ本省で事務を処理することとし、本条に基づく地方支分部局の長への委任を行っていない。

附則

（施行期日）

第一条　この法律は、公布の日から起算して六月を超えない範囲内において政令で定める日から施行する。

（検討）

第二条　政府は、この法律の施行後五年を経過した場合において、この法律の施行の状況を勘案し、必要があると認めるときは、この法律の規定について検討を加え、その結果に基づいて必要な措置を講ずるものとする。

【施行日政令】

農林漁業有機物資源のバイオ燃料の原材料としての利用の促進に関する法律の施行期日は、平成二十年十月一日とする。

一　本法は、農林漁業者等、バイオ燃料製造業者等及び研究開発を行う者に対する支援措置を講ずることにより、農林漁業有機物資源の利用の促進を図るものであることから、できるだけ速やかに施行することが適当である。

二　一方、本法の施行に当たっては、

①　必要な政省令の制定等施行の準備期間を設ける必要があること

②　農業改良資金等の事業実施主体である都道府県等に対する周知期間が必要であること

から、本法の円滑な施行のためには、これらの手続に要する六月程度の施行準備期間が必要と見込まれる。

三　以上のことから、本法は、「公布の日から起算して六月を超えない範囲内において政令で定める日」から施行することとされ、具体的には、平成二十年十月一日とされた。

四　また、近時の立法例に倣い、また、経済情勢等に応じた法律の規定内容を維持するため、附則第二条に検討規定が設けられた。

【地方税法（昭和二十五年七月三十一日法律第二百二十六号）】

附　則

（固定資産税等の課税標準の特例）

第十五条

60　農林漁業有機物資源のバイオ燃料の原材料としての利用の促進に関する法律（平成二十年法律第四十五号）第二条第三項に規定するバイオ燃料製造業者が、同法の施行の日から平成二十二年三月三十一日までの間に、同法第五条第二項に規定する認定生産製造連携事業計画に従つて実施する同法第二条第三項に規定する生産製造連携事業により新設した機械その他の設備で総務省令で定めるものに対して課する固定資産税の課税標準は、第三百四十九条の二の規定にかかわらず、当該設備に対して新たに固定資産税が課されることとなつた年度から三年度分の固定資産税に限り、当該設備に係る固定資産税の課税標準となるべき価格の二分の一の額とする。

【地方税法施行規則（昭和二十九年五月十三日総理府令第二十三号）】

（法附則第十五条第一項のコンテナー等）

第六条

98　法附則第十五条第六十項に規定する総務省令で定める機械その他の設備は、次に掲げる機械その他の設備とする。

一　木質固形燃料製造設備（農林漁業有機物資源のバイオ燃料の原材料としての利用の促進に関する法律施行令（平成二十年政令第二百九十六号。以下この項において「利用促進法施行令」という。）第二条第二号に掲げる木竹に由来する農林漁業有機物資源を破砕することにより均質にし、乾燥し、かつ、一定の形状に圧縮成形したものを製造するもので、破砕機、乾燥機及び圧縮成形装置を同時に設置する場合のこれらのものに限るものとし、これらと同時に設置する専用の原料受入・供給装置、選別機、篩分機、集じん装置、自動調整装置、冷却装置、貯蔵装置、搬送装置、出荷装置、送風機又は配管を含む。)

二　エタノール製造設備（利用促進法施行令第二条第三号に掲げるエタノールを製造するもので、発酵装置並びに蒸留装置及び脱水装置（蒸留及び脱水を行い高純度化させる機能を有するものに限る。）又は膜処理装置（膜処理により高純度化させる機能を有するものに限る。）を同時に設置する場合のこれらのものに限るものとし、これらと同時に設置する専用の原料受入装置、原料貯蔵装置、原料供給装置、粉砕器、圧搾装置、煮熟機、濃縮装置、分離装置、混合装置、制御装置、精製装置、熱交換器、冷却装置、貯蔵装置、ボイラー、脱臭装置、搬送装置、排水処理装置、貯留装置、残さ処理装置、出荷装置、ポンプ又は配管を含む。）

三　脂肪酸メチルエステル製造設備（利用促進法施行令第二条第四号に掲げる脂肪酸メチルエステルを製造するもので、分離装置、反応槽及び精製装置を同時に設置する場合のこれらのものに限るものとし、これらと同時に設置する専用の原料受入装置、原料貯蔵装置、原料供給装置、前処理装置、脱臭装置、自動調整装置、搬送装置、排水処理装置、貯留装置、残さ処理装置、出荷装置、ポンプ又は配管を含む。）

四　ガス製造設備で次のいずれかに該当するもの

イ　利用促進法施行令第二条第五号に掲げる水素、一酸化炭素及びメタンを主成分とするガスを製造する設備で、ガス化炉、精製装置及び貯蔵装置を同時に設置する場合のこれらのもの（これらと同時に設置する専用の原料受入・供給装置、前処理装置、脱臭装置、自動調整装置、搬送装置、貯留装置、残さ処理装置、余剰ガス燃焼装置、出荷装置、ポンプ又は配管を含む。）

ロ　利用促進法施行令第二条第六号に掲げるメタンを製造する設備で、発酵装置及び精製装置を同時に設置する場合のこれらのもの（これらと同時に設置する専用の原料受入装置、原料貯蔵装置、原料供給装置、前処理装置、脱臭装置、自動調整装置、搬送装置、排水処理装置、貯留装置、残さ処理装置、余剰ガス燃焼装置、出荷装置、ポンプ又は配管を含む。）

平成二〇年度の税制改正において、認定生産製造連携事業計画に基づき新設した機械その他の設備のうち、木質固形燃料（政令第二条第二号）、エタノール（同条第三号）、脂肪酸メチルエステル（同条第四号）及びガス（同条第五号及び第六号）の製造設備について、平成二二年三月三一日までに新設した場合に限り、固定資産税が三年間にわたり二分の一とする軽減措置が講じられた。

固定資産税の課税標準とは、固定資産の所在地の市町村が当該固定資産に対して課するものとし（地方税法第三四二条第一項）、納税義務者は原則として固定資産の所有者である（同法第三四三条第一項）。この所有者とは、土地又は家屋については、登記簿又は土地補充課税台帳若しくは家屋補充課税台帳に所有者として登記又は登録されている者をいい、償却資産については、償却資産課税台帳に所有者として登録されている者をいうこととされている（同条第二項及び第三項）。また、固定資産税の賦課期日は一月一日とされている（同法第三五九条）。

固定資産税の軽減措置の対象は、「認定生産製造連携事業計画に従って実施する生産製造連携事業により新設した機械その他の設備」が対象となっている。このため、固定資産税の軽減措置を受けようとする者は、あらかじめ機械その他の設備の取得前に生産製造連携事業計画の認定を受け、認定後に計画に従って当該機械その他の設備を取得（登記又は登録）する必要がある。また、「新設した」とは、新品の機械や製造設備を取得することをいい、中古品や既に据え付けられた製造設備の所有権を取得した場合は「新設した」とはいえない。

なお、具体的な固定資産税の賦課についての事務及び解釈については、各市町村税務担当課に確認されたい。

（参考）

（固定資産税の納税義務者等）

第三百四十三条　固定資産税は、固定資産の所有者（質権又は百年より永い存続期間の定めのある地上権の目的である土地については、その質権者又は地上権者とする。以下固定資産税について同様とする。）に課する。
2　前項の所有者とは、土地又は家屋については、登記簿又は土地補充課税台帳若しくは家屋補充課税台帳に所有者（区分所有に係る家屋については、当該家屋に係る建物の区分所有等に関する法律第二条第二項の区分所有者とする。以下固定資産税について同様とする。）として登記又は登録されている者をいう。この場合において、所有者として登記又は登録されている個人が賦課期日前に死亡しているとき、若しくは所有者として登記又は登録されている法人が同日前に消滅しているとき、又は所有者として登記されている第三百四十八条第一項の者が同日前に所有者でなくなつているときは、同日において当該土地又は家屋を現に所有している者をいうものとする。
3　第一項の所有者とは、償却資産については、償却資産課税台帳に所有者として登録されている者をいう。
4～9　（略）

（償却資産に対して課する固定資産税の課税標準）
第三百四十九条の二　償却資産に対して課する固定資産税の課税標準は、賦課期日における当該償却資産の価格で償却資産課税台帳に登録されたものとする。

（固定資産税の賦課期日）
第三百五十九条　固定資産税の賦課期日は、当該年度の初日の属する年の一月一日とする。

第三節　関係法令

○農林漁業有機物資源のバイオ燃料の原材料としての利用の促進に関する法律

〔平成二十年五月二十八日法律第四十五号〕

（目的）

第一条　この法律は、農林漁業有機物資源のバイオ燃料の原材料としての利用を促進するための措置を講ずることにより、農林漁業有機物資源の新たな需要の開拓及びその有効な利用の確保並びにバイオ燃料の生産の拡大を図り、もって農林漁業の持続的かつ健全な発展及びエネルギーの供給源の多様化に寄与することを目的とする。

（定義）

第二条　この法律において「農林漁業有機物資源」とは、農林水産物及びその生産又は加工に伴い副次的に得られた物品のうち、動植物に由来する有機物であって、エネルギー源として利用することができるものをいう。

2　この法律において「バイオ燃料」とは、農林漁業有機物資源を原材料として製造される燃料（単なる乾燥又は切断その他の主務省令で定める簡易な方法により製造されるものを除く。）をいう。

3　この法律において「生産製造連携事業」とは、農林漁業者若しくは木材製造業を営む者（以下「農林漁業者等」という。）又は農業協同組合その他の政令で定める法人で農林漁業者等を直接若しくは間接の構成員（以下単に「構成員」という。）とするもの（以下「農業協同組合等」という。）及び特定バイオ燃料（バイオ燃料のうち、相当程度の需要が見込まれるものとして政令で定めるものをいう。以下同じ。）の製造の事業を営む者（以下「バイオ燃料製造業者」という。）又は事業協同組合その他の政令で定める法人でバイオ燃料製造業者を構成員とするもの（以下「事業協同組合等」という。）が、第一号並びに第二号イ及びロに掲げる措置のすべてを実施することにより農林漁業有機物資源の生産（農林漁業有機物資源をバイオ燃料の原材料として利用するために必要な収集その他の主務省令で定める行為を含む。以下同じ。）から特定バイオ燃料の製造までの一連の行程の総合的な改善を図る事業をいう。

一　農林漁業者等又は農業協同組合等とバイオ燃料製造業者又は事業協同組合等との間における農林漁業有機物資源の安定的な取引関係の確立

二　前号に掲げる措置を実施するために必要な次に掲げる措置

イ　特定バイオ燃料の原材料に適する新規の作物の導入、農林漁業有機物資源の生産に要する費用の低減に資する生産の方式の導入その他のバイオ燃料製造業者の需要に適確に対応した農林漁業有機物資源の生産を図るための措置（当該措置と併せて実施する農林漁業有機物資源の効率的な運搬を図るための措置を含む。）

ロ　特定バイオ燃料の製造に要する費用の低減に資する製造の方式の導入又は施設の整備その他の特定バイオ燃料の効率的な製造を図るための措置（当該措置と併せて実施する農林漁業有機物資源の効率的な運搬を図るための措置を含む。）

4　この法律において「研究開発事業」とは、次のいずれかに掲げる研究開発を実施する事業で、農林漁業有機物資源のバイオ燃料の原材料としての利用の促進に特に資するものをいう。

一　バイオ燃料の原材料に適する新品種の育成、農林漁業有機物資源の生産に要する費用の低減に資する生産の方式の開発その他の農林漁業有機物資源の生産の高度化に資する研究開発

二　バイオ燃料の製造に要する費用の低減に資する製造の方式又は機械の開発その他のバイオ燃料の製造の高度化に資する研究開発

（基本方針）

第三条　主務大臣は、政令で定めるところにより、農林漁業有機物資源のバイオ燃料の原材料としての利用の促進に関する基本方針（以下「基本方針」という。）を定めるものとする。

2　基本方針においては、次に掲げる事項を定めるものとする。

一　農林漁業有機物資源のバイオ燃料の原材料としての利用の促進の意義及び基本的な方向

二　生産製造連携事業及び研究開発事業の実施に関する基本的な事項

三　前二号に掲げるもののほか、農林漁業有機物資源のバイオ燃料の原材料としての利用の促進に関する重要事項

四　食料及び飼料の安定供給の確保、農林漁業有機物資源が廃棄物（廃棄物の処理及び清掃に関する法律（昭和四十五年法律第百三十七号）第二条第一項に規定する廃棄物をいう。以下同じ。）である場合におけるその適正な処理の確保その他の農林漁業有機物資源のバイオ燃料の原材料としての利用の促進に際し配慮

すべき重要事項

3　基本方針は、農林漁業有機物資源の生産及びバイオ燃料の製造に関する技術水準、エネルギー需給の長期見通しその他の事情を勘案して定めるものとする。

4　基本方針は、地球温暖化の防止を図るための施策に関する国の計画との調和が保たれたものでなければならない。

5　主務大臣は、経済事情の変動その他情勢の推移により必要が生じたときは、基本方針を変更するものとする。

6　主務大臣は、基本方針を定め、又はこれを変更しようとするときは、あらかじめ、関係行政機関の長に協議しなければならない。

7　主務大臣は、基本方針を定め、又はこれを変更したときは、遅滞なく、これを公表しなければならない。

（生産製造連携事業計画の認定）

第四条　農林漁業者等（農林漁業若しくは木材製造業を営もうとする者又は農林漁業若しくは木材製造業を営む法人を設立しようとする者を含む。）又は農業協同組合等は、バイオ燃料製造業者（特定バイオ燃料の製造の事業を営もうとする者又は特定バイオ燃料の製造の事業を営む法人を設立しようとする者を含む。）又は事業協同組合等と共同して、生産製造連携事業に関する計画（農業協同組合等又は事業協同組合等にあってはその構成員の行う生産製造連携事業に関するものを含み、農林漁業若しくは木材製造業を営む法人を設立しようとする者又は特定バイオ燃料の製造の事業を営む法人を設立しようとする者にあってはこれらの法人が行う生産製造連携事業に関するものを含む。以下「生産製造連携事業計画」という。）を作成し、主務省令で定めるところにより、これを主務大臣に提出して、その生産製造連携事業計画が適当である旨の認定を受けることができる。

2　生産製造連携事業計画には、次に掲げる事項を記載しなければならない。

一　生産製造連携事業の目標

二　生産製造連携事業の内容及び実施期間

三　農林漁業有機物資源が廃棄物である場合にあっては、その適正な処理の確保に関する事項

四　生産製造連携事業を実施するために必要な資金の額及びその調達方法

3　主務大臣は、第一項の認定の申請があった場合において、その生産製造連携事業計画が次の各号のいずれにも適合するものであると認めるときは、その認定をするものとする。

一　前項第一号から第三号までに掲げる事項が基本方針に照らし適切なものであること。

二　前項第二号から第四号までに掲げる事項が生産製造連携事業を確実に遂行するため適切なものであること。

（生産製造連携事業計画の変更等）

第五条　前条第一項の認定を受けた者（その者の設立に係る同項の法人を含む。以下「認定事業者」という。）は、当該認定に係る生産製造連携事業計画を変更しようとするときは、主務省令で定めるところにより、共同して、主務大臣の認定を受けなければならない。

2　主務大臣は、認定事業者が前条第一項の認定に係る生産製造連携事業計画（前項の規定による変更の認定があったときは、その変更後のもの。以下「認定生産製造連携事業計画」という。）に従って生産製造連携事業を行っていないと認めるときは、その認定を取り消すことができる。

3　前条第三項の規定は、第一項の認定について準用する。

（研究開発事業計画の認定）

第六条　研究開発事業を行おうとする者（研究開発事業を行う法人を設立しようとする者を含む。）は、研究開発事業に関する計画（以下「研究開発事業計画」という。）を作成し、主務省令で定めるところにより、これを主務大臣に提出して、その研究開発事業計画が適当である旨の認定を受けることができる。

2　研究開発事業計画には、次に掲げる事項を記載しなければならない。

一　研究開発事業の目標

二　研究開発事業の内容及び実施期間

三　研究開発事業を実施するために必要な資金の額及びその調達方法

3　主務大臣は、第一項の認定の申請があった場合において、その研究開発事業計画が次の各号のいずれにも適合するものであると認めるときは、その認定をするものとする。

一　前項第一号及び第二号に掲げる事項が基本方針に照らし適切なものであること。

二　前項第二号及び第三号に掲げる事項が研究開発事業を確実に遂行するため適切なものであること。

（研究開発事業計画の変更等）

第七条　前条第一項の認定を受けた者（その者の設立に係る同項の法人を含む。以下「認定研究開発事業者」という。）は、当該認定に係る研究開発事業計画を変更しようとするときは、主務省令で定めるところにより、主務大臣の認定を受けなければならない。

2　主務大臣は、認定研究開発事業者が前条第一項の認定に係る研究開発事業計画（前項の規定による変更の認定があったときは、その変更後のもの。以下「認定研究開発事業計画」という。）に従って研究開発事業を行っていないと認めるときは、その認定を取り消すことができる。

3　前条第三項の規定は、第一項の認定について準用する。

（農業改良資金助成法の特例）

第八条　農業改良資金助成法（昭和三十一年法律第百二号）第二条の農業改良資金（同法第五条第一項の特定地域資金を除く。）であって、認定事業者（認定事業者が農業協同組合等である場合にあっては、その構成員を含む。次条及び第十条において同じ。）が認定生産製造連携事業計画に従って第二条第三項第二号イに掲げる措置を実施するのに必要なものの償還期間（据置期間を含む。次条及び第十条において同じ。）は、同法第五条第一項の規定にかかわらず、十二年を超えない範囲内で政令で定める期間とする。

（林業・木材産業改善資金助成法の特例）

第九条　林業・木材産業改善資金助成法（昭和五十一年法律第四十二号）第二条第一項の林業・木材産業改善資金であって、認定事業者が認定生産製造連携事業計画に従って第二条第三項第二号イに掲げる措置を実施するのに必要なものの償還期間は、同法第五条第一項の規定にかかわらず、十二年を超えない範囲内で政令で定める期間とする。

（沿岸漁業改善資金助成法の特例）

第十条　沿岸漁業改善資金助成法（昭和五十四年法律第二十五号）第二条第二項の経営等改善資金及び同条第四項の青年漁業者等養成確保資金のうち政令で定める種類の資金であって、認定事業者が認定生産製造連携事業計画に従って第二条第三項第二号イに掲げる措置を実施するのに必要なものの償還期間は、同法第五条第二項の規定にかかわらず、その種類ごとに、十二年を超えない範囲内で政令で定める期間とする。

（中小企業投資育成株式会社法の特例）

第十一条　中小企業投資育成株式会社は、中小企業投資育成株式会社法（昭和三十八年法律第百一号）第五条第一項各号に掲げる事業のほか、次に掲げる事業を行うことができる。

一　中小企業者又は事業を営んでいない個人が認定生産製造連携事業計画又は認定研究開発事業計画に従って第二条第三項第二号ロに掲げる措置を実施し、又は研究開発事業を行うために資本金の額が三億円を超える株式会社を設立する際に発行する株式の引受け及び当該引受けに係る株式の保有

二　中小企業者のうち資本金の額が三億円を超える株式会社が認定生産製造連携事業計画又は認定研究開発事業計画に従って第二条第三項第二号ロに掲げる措置を実施し、又は研究開発事業を行うために必要とする資金の調達を図るために発行する株式、新株予約権（新株予約権付社債に付されたものを除く。）又は新株予約権付社債等（中小企業投資育成株式会社法第五条第一項第二号に規定する新株予約権付社債等をいう。以下この号及び次項において同じ。）の引受け及び当該引受けに係る株式、新株予約権（その行使により発行され、又は移転された株

（第五号の政令で定める業種を除く。）に属する事業を主たる事業として営むもの

三　資本金の額又は出資の総額が五千万円以下の会社並びに常時使用する従業員の数が百人以下の会社及び個人であって、サービス業（第五号の政令で定める業種を除く。）に属する事業を主たる事業として営むもの

四　資本金の額又は出資の総額が五千万円以下の会社並びに常時使用する従業員の数が五十人以下の会社及び個人であって、小売業（次号の政令で定める業種を除く。）に属する事業を主たる事業として営むもの

五　資本金の額又は出資の総額がその業種ごとに政令で定める金額以下の会社並びに常時使用する従業員の数がその業種ごとに政令で定める数以下の会社及び個人であって、その政令で定める業種に属する事業を主たる事業として営むもの

六　企業組合

七　協業組合

八　事業協同組合、協同組合連合会その他の特別の法律により設立された組合及びその連合会であって、政令で定めるもの

（産業廃棄物の処理に係る特定施設の整備の促進に関する法律の特例）

第十二条　産業廃棄物の処理に係る特定施設の整備の促進に関する

式を含む。）又は新株予約権付社債等（新株予約権付社債等に付された新株予約権の行使により発行され、又は移転された株式を含む。）の保有

2　前項第一号の規定による株式の引受け及び当該引受けに係る株式の保有並びに同項第二号の規定による株式、新株予約権（新株予約権付社債に付されたものを除く。）又は新株予約権付社債等の引受け及び当該引受けに係る株式、新株予約権（その行使により発行され、又は移転された株式を含む。）又は新株予約権付社債等（新株予約権付社債等に付された新株予約権の行使により発行され、又は移転された株式を含む。）の保有は、中小企業投資育成株式会社法の適用については、それぞれ同法第五条第一項第一号及び第二号の事業とみなす。

3　第一項各号の「中小企業者」とは、次の各号のいずれかに該当する者をいう。

一　資本金の額又は出資の総額が三億円以下の会社並びに常時使用する従業員の数が三百人以下の会社及び個人であって、製造業、建設業、運輸業その他の業種（次号から第四号までに掲げる業種及び第五号の政令で定める業種を除く。）に属する事業を主たる事業として営むもの

二　資本金の額又は出資の総額が一億円以下の会社並びに常時使用する従業員の数が百人以下の会社及び個人であって、卸売業

法律（平成四年法律第六十二号）第十六条第一項の規定により指定された産業廃棄物処理事業振興財団（次項において「振興財団」という。）は、同法第十七条各号に掲げる業務のほか、次に掲げる業務を行うことができる。

一　認定事業者（認定事業者が事業協同組合等である場合にあっては、その構成員を含む。）が認定生産製造連携事業計画に従って行う特定バイオ燃料の製造（産業廃棄物（廃棄物の処理及び清掃に関する法律第二条第四項に規定する産業廃棄物をいう。次号において同じ。）の処理に該当するものに限る。）の用に供する施設の整備の事業に必要な資金の借入れに係る債務を保証すること。

二　認定研究開発事業者が認定研究開発事業計画に従って行う研究開発事業（産業廃棄物の適正な処理の確保に資するものに限る。）に必要な資金に充てるための助成金を交付すること。

三　前二号に掲げる業務に附帯する業務を行うこと。

2　前項の規定により振興財団が同項各号に掲げる業務を行う場合には、産業廃棄物の処理に係る特定施設の整備の促進に関する法律第十八条第一項中「第四号まで」とあるのは「第四号まで及び農林漁業有機物資源のバイオ燃料の原材料としての利用の促進に関する法律（以下「利用促進法」という。）第十二条第一項第一号」と、同法第十九条中「第十七条各号」とあるのは「第十七条各号及び利用促進法第十二条第一項各号」と、同法第二十一条第二号中「に掲げる業務及び」とあるのは「及び利用促進法第十二条第一項第一号に掲げる業務並びに」と、同条第三号中「に掲げる業務及びこれに」とあるのは「及び利用促進法第十二条第一項第二号に掲げる業務並びにこれらに」と、同法第二十二条第一項、第二十三条及び第二十四条第一項第一号中「第十七条各号」とあるのは「第十七条各号又は利用促進法第十二条第一項各号」と、同法第二十三条中「この章」とあるのは「この章又は利用促進法」と、同法第二十四条第一項第三号中「この章」とあるのは「この章若しくは利用促進法」と、同法第三十条中「第二十二条第一項」とあるのは「第二十二条第一項（利用促進法第十二条第二項の規定により読み替えて適用する場合を含む。以下この条において同じ。）」と、「同項」とあるのは「第二十二条第一項」とする。

（種苗法の特例）

第十三条　農林水産大臣は、認定研究開発事業計画に従って行われる研究開発事業の成果に係る出願品種（種苗法（平成十年法律第八十三号）第四条第一項に規定する出願品種をいい、当該認定研究開発事業計画における研究開発事業の実施期間の終了日から起算して二年以内に品種登録出願されたものに限る。以下この項において同じ。）に関する品種登録出願について、その出願者が次に掲げる者であって当該研究開発事業を行う認定研究開発事業者であるときは、政令で定めるところにより、同法第六条第一項の規定により納付すべき出願料を軽減し、又は免除することができる。

一 その出願品種の育成（種苗法第三条第一項に規定する育成をいう。次項第一号において同じ。）をした者

二 その出願品種が種苗法第八条第一項に規定する従業者等（次項第二号において「従業者等」という。）がした同条第一項に規定する職務育成品種（次項第二号において「職務育成品種」という。）であって、契約、勤務規則その他の定めによりあらかじめ同条第一項に規定する使用者等（以下この条において「使用者等」という。）が品種登録出願をすることが定められている場合において、その品種登録出願をした使用者等

2 農林水産大臣は、認定研究開発事業計画に従って行われる研究開発事業の成果に係る登録品種（種苗法第二十条第一項に規定する登録品種をいい、当該認定研究開発事業計画における研究開発事業の実施期間の終了日から起算して二年以内に品種登録出願されたものに限る。以下この項において同じ。）について、同法第四十五条第一項の規定による第一年から第六年までの各年分の登録料を納付すべき者が次に掲げる者であって当該研究開発事業を行う認定研究開発事業者であるときは、政令で定めるところにより、登録料を軽減し、又は免除することができる。

一 その登録品種の育成をした者

二 その登録品種が従業者等がした職務育成品種であって、契約、勤務規則その他の定めによりあらかじめ使用者等が品種登録出願をすること又は従業者等がした品種登録出願の出願者の名義を使用者等に変更することが定められている場合において、その品種登録出願をした使用者等又はその従業者等がした品種登録出願の出願者の名義の変更を受けた使用者等

（国の施策）

第十四条 国は、農林漁業有機物資源のバイオ燃料の原材料としての利用を促進するため、情報の提供、研究開発の推進及びその成果の普及その他の必要な施策を講ずるとともに、農林漁業有機物資源のバイオ燃料の原材料としての利用の促進の意義に対する国民の関心及び理解の増進に努めるものとする。

（資金の確保）

第十五条 国は、認定生産製造連携事業計画又は認定研究開発事業計画に従って行われる生産製造連携事業又は研究開発事業に必要な資金の確保に努めるものとする。

（指導及び助言）

第十六条 国は、認定生産製造連携事業計画又は認定研究開発事業計画に従って行われる生産製造連携事業又は研究開発事業の適確な実施に必要な指導及び助言を行うものとする。

（報告の徴収）

第十七条　主務大臣は、認定事業者又は認定研究開発事業者に対し、認定生産製造連携事業計画又は認定研究開発事業計画の実施状況について報告を求めることができる。

（主務大臣等）

第十八条　第三条第一項及び第五項から第七項までにおける主務大臣は、基本方針のうち、同条第二項第四号に掲げる事項に係る部分については農林水産大臣、経済産業大臣及び環境大臣とし、その他の部分については農林水産大臣及び経済産業大臣とする。

2　第四条第一項及び第三項（第五条第三項において準用する場合を含む。）、第五条第一項及び第二項、第六条第一項及び第三項（第七条第三項において準用する場合を含む。）、第七条第一項及び第二項並びに前条における主務大臣は、農林水産大臣及び経済産業大臣とする。ただし、廃棄物の処理に該当する措置を含む生産製造連携事業及び廃棄物の処理に関する研究開発を含む研究開発事業については、農林水産大臣、経済産業大臣及び環境大臣とする。

3　この法律における主務省令は、農林水産大臣、経済産業大臣及び環境大臣の発する命令とする。

（権限の委任）

第十九条　この法律に規定する主務大臣の権限は、主務省令で定めるところにより、地方支分部局の長に委任することができる。

（罰則）

第二十条　第十七条の規定による報告をせず、又は虚偽の報告をした者は、三十万円以下の罰金に処する。

2　法人の代表者又は法人若しくは人の代理人、使用人その他の従業者が、その法人又は人の業務に関し、前項の違反行為をしたときは、行為者を罰するほか、その法人又は人に対して同項の刑を科する。

附　則

（施行期日）

第一条　この法律は、公布の日から起算して六月を超えない範囲内において政令で定める日から施行する。

（検討）

第二条　政府は、この法律の施行後五年を経過した場合において、この法律の施行の状況を勘案し、必要があると認めるときは、この法律の規定について検討を加え、その結果に基づいて必要な措置を講ずるものとする。

＜参照条文＞

○廃棄物の処理及び清掃に関する法律（抄）

〔昭和四十五年十二月二十五日
法律第百三十七号〕

（定義）

第二条 この法律において「廃棄物」とは、ごみ、粗大ごみ、燃え殻、汚泥、ふん尿、廃油、廃酸、廃アルカリ、動物の死体その他の汚物又は不要物であつて、固形状又は液状のもの（放射性物質及びこれによつて汚染された物を除く。）をいう。

2・3 （略）

4 この法律において「産業廃棄物」とは、次に掲げる廃棄物をいう。

一 事業活動に伴つて生じた廃棄物のうち、燃え殻、汚泥、廃油、廃酸、廃アルカリ、廃プラスチック類その他政令で定める廃棄物

二 輸入された廃棄物（前号に掲げる廃棄物、船舶及び航空機の航行に伴い生ずる廃棄物（政令で定めるものに限る。第十五条の四の五第一項において「航行廃棄物」という。）並びに本邦に入国する者が携帯する廃棄物（政令で定めるものに限る。同項において「携帯廃棄物」という。）を除く。）

5・6 （略）

○農業改良資金助成法（抄）

〔昭和三十一年五月十二日
法律第百二号〕

（定義）

第二条 この法律において「農業改良資金」とは、農業改良措置（農業経営の改善を目的として新たな農業部門の経営若しくは農畜産物の加工の事業の経営を開始し、又は農畜産物若しくはその加工品の新たな生産若しくは販売の方式を導入することをいう。以下同じ。）を実施するのに必要な次に掲げる資金をいう。

一 施設の改良、造成又は取得に必要な資金

二 永年性植物の植栽又は育成に必要な資金

三 家畜の購入又は育成に必要な資金

四 農業経営の規模の拡大、生産方式の合理化、経営管理の合理化、農業従事の態様の改善その他の農業経営の改善に伴い必要な資金で農林水産大臣が指定するもの

（政府の助成）

第三条 政府は、都道府県がこの法律の定めるところにより農業者又はその組織する団体（以下「農業者等」という。）に対する農

業改良資金の貸付けの事業を行うときは、当該都道府県に対し、予算の範囲内において、当該事業に必要な資金の一部を貸し付けることができる。

2 政府は、前項に規定する場合のほか、都道府県が、この法律の定めるところにより農業者等に対する農業改良資金の貸付けの業務を行う融資機関（農業協同組合法（昭和二十二年法律第百三十二号）第十条第一項第二号及び第三号の事業を併せ行う農業協同組合若しくは農業協同組合連合会又は銀行その他の金融機関で政令で定めるものをいう。第十七条において同じ。）に対し、当該業務に必要な資金の全部を貸し付ける事業を行うときは、当該都道府県に対し、予算の範囲内において、当該都道府県の行う事業に必要な資金の一部を貸し付けることができる。

（貸付金の利率、償還期間等）

第五条 貸付金は、無利子とし、その償還期間（据置期間を含む。）は、十年（地勢等の地理的条件が悪く、農業の生産条件が不利な地域として農林水産大臣が指定するものにおいて農業改良措置を実施するのに必要な資金（次項において「特定地域資金」という。）にあつては、十二年）を超えない範囲内で政令で定める期間とする。

2 貸付金の据置期間は、三年（特定地域資金にあつては、五年）を超えない範囲内で政令で定める期間とする。

○林業・木材産業改善資金助成法（抄）

〔昭和五十一年六月一日 法律第四十二号〕

（定義）

第二条 この法律において「林業・木材産業改善資金」とは、林業・木材産業改善措置（林業経営若しくは木材産業経営の改善又は林業労働に係る労働災害の防止若しくは林業労働に従事する者の確保を目的として新たな林業部門若しくは木材産業部門の経営を開始し、林産物の新たな生産若しくは販売の方式を導入し、又は林業労働に係る安全衛生施設若しくは林業労働に従事する者の福利厚生施設を導入することをいう。以下同じ。）を実施するのに必要な次に掲げる資金をいう。

一 施設の改良、造成又は取得に必要な資金

二 造林に必要な資金

三 立木の取得に必要な資金

四 経営規模の拡大、生産方式の合理化その他の林業経営又は木材産業経営の改善に伴い必要な資金で農林水産大臣が指定するもの

2 この法律において「木材産業」とは、木材製造業、木材卸売業又は木材市場業をいう。

（政府の助成）

第三条　政府は、都道府県がこの法律の定めるところにより林業従事者、木材産業に属する事業を営む者（政令で定める者に限る。）又はこれらの者の組織する団体その他政令で定める者（以下「林業従事者等」という。）に対する林業・木材産業改善資金の貸付けの事業を行うときは、当該都道府県に対し、予算の範囲内において、当該事業に必要な資金の一部に充てるため補助金を交付することができる。ただし、当該事業に係る資金の額が当該事業を行うのに必要かつ適当と認められる一定額に達した都道府県については、この限りでない。

2　政府は、前項に規定する場合のほか、都道府県が、この法律の定めるところにより林業従事者等に対する林業・木材産業改善資金の貸付けの業務を行う次に掲げる者（以下「融資機関」という。）に対し、当該業務に必要な資金の全部を貸し付ける事業を行うときは、当該都道府県に対し、予算の範囲内において、当該都道府県の行う事業に必要な資金の一部に充てるため補助金を交付することができる。

一　農林中央金庫

二　森林組合法（昭和五十三年法律第三十六号）第九条第二項第一号の事業を行う森林組合で政令で定めるもの

三　森林組合法第百一条第一項第三号の事業を行う森林組合連合会

四　中小企業等協同組合法（昭和二十四年法律第百八十一号）第九条の二第一項第二号の事業を行う事業協同組合で政令で定めるもの

五　中小企業等協同組合法第九条の九第一項第二号の事業を行う協同組合連合会

六　銀行その他の金融機関で政令で定めるもの

3　（略）

（貸付金の利率、償還期間等）

第五条　貸付金は、無利子とし、その償還期間（据置期間を含む。）は、十年を超えない範囲内で政令で定める期間とする。

2　貸付金の据置期間は、三年を超えない範囲内で政令で定める期間とする。

○沿岸漁業改善資金助成法（抄）

〔昭和五十四年四月二十七日　法律第二十五号〕

（定義）

第二条　この法律において「沿岸漁業」とは、次に掲げる漁業をいう。

一　政令で定める小型の漁船を使用して、又は漁船を使用しないで行う水産動植物の採捕の事業

二　漁具を定置して行う水産動物の採捕の事業（前号に該当するものを除く。）
三　水産動植物の養殖の事業

2　この法律において「経営等改善資金」とは、沿岸漁業の経営又は操業状態の改善を促進するために普及を図る必要があると認められる近代的な漁業技術その他合理的な漁業生産方式の導入（当該漁業技術又は当該漁業生産方式の導入と併せ行う水産物の合理的な加工方式の導入を含む。以下同じ。）又は漁ろうの安全の確保若しくは漁具の損壊の防止のための施設の導入に必要な資金で政令で定めるものをいう。

3　この法律において「生活改善資金」とは、沿岸漁業の従事者の生活の改善を促進するために普及を図る必要があると認められる合理的な生活方式の導入に必要な資金で政令で定めるものをいう。

4　この法律において「青年漁業者等養成確保資金」とは、青年漁業者、漁業労働に従事する者その他の漁業を担うべき者が近代的な沿岸漁業の経営を担当し、又は近代的な沿岸漁業の経営に係る漁業技術に従事するのにふさわしい者となるために必要な近代的な沿岸漁業の経営方法又は技術の実地の習得その他近代的な沿岸漁業の経営の基礎を形成するのに必要な資金で政令で定めるものをいう。

（政府の助成）

第三条　政府は、都道府県がこの法律の定めるところにより沿岸漁業の従事者、その組織する団体その他政令で定める者（以下「沿岸漁業従事者等」という。）に対する経営等改善資金、生活改善資金及び青年漁業者等養成確保資金の貸付けの事業を行うときは、当該都道府県に対し、予算の範囲内において、当該事業に必要な資金の一部に充てるため、補助金を交付することができる。ただし、当該事業に係る資金の額が当該事業を行うのに必要かつ適当と認められる一定額に達した都道府県については、この限りでない。

2　（略）

（貸付金の利率等）

第五条　貸付金は、無利子とする。

2　貸付金の償還期間（据置期間を含む。）は、経営等改善資金、生活改善資金及び青年漁業者等養成確保資金のそれぞれの種類ごとに、十年を超えない範囲内で政令で定める期間とする。

3　貸付金の据置期間は、必要と認められる種類の貸付金につき三年を超えない範囲内で、その種類ごとに、政令で定める期間とする。

○中小企業投資育成株式会社法（抄）

〔昭和三十八年六月十日
法律第百一号〕

（事業の範囲）

第五条 会社は、その目的を達成するため、次の事業を営むものとする。

一 資本金の額が三億円以下の株式会社の設立に際して発行する株式の引受け及び当該引受けに係る株式の保有

二 資本金の額が三億円以下の株式会社の発行する株式、新株予約権（新株予約権付社債に付されたものを除く。）又は新株予約権付社債等（新株予約権付社債及びこれに準ずる社債として経済産業省令で定めるものをいう。以下同じ。）の引受け及び当該引受けに係る株式、新株予約権（その行使により発行され、又は移転された株式を含む。）又は新株予約権付社債等（新株予約権付社債等に付された新株予約権の行使により発行され、又は移転された株式を含む。）の保有

三 前二号の規定により会社がその株式を保有している株式会社（前号に規定する株式会社を除く。）の発行する株式、新株予約権（新株予約権付社債に付されたものを除く。）又は新株予約権付社債等（以下「株式等」という。）の引受け及び当該引受けに係る株式、新株予約権（その行使により発行され、又は移転された株式を含む。）又は新株予約権付社債等（新株予約権付社債等に付された新株予約権の行使により発行され、又は移転された株式を含む。）の保有

四 前三号の規定により会社がその株式、新株予約権（新株予約権付社債に付されたものを除く。）又は新株予約権付社債等を保有している株式会社の依頼に応じて、経営又は技術の指導を行う事業

五 前各号の事業に附帯する事業

2 会社は、次の各号のいずれかに該当する場合においては、前項第二号又は第三号の規定による株式等の引受けをしてはならない。

一 会社が株式を引き受ける場合において、当該引受けに係る株式の発行後のその株式会社の資本金の額が政令で定める額（会社がその株式会社の自己資本の充実を促進するためその額を超えて株式を引き受けることが特に必要であると認める場合において、経済産業大臣の承認を受けたときは、その承認を受けた額）を超えることとなるとき。

二 会社が新株予約権（新株予約権付社債に付されたものを除く。）又は新株予約権付社債を引き受ける場合において、当該引受けの時において、当該引受けに係る新株予約権のすべてが行使されたものとすればその株式会社の資本金の額が前号の政

令で定める額を超えることとなるとき。

○産業廃棄物の処理に係る特定施設の整備の促進に関する法律(抄)

〔平成四年五月二十七日
法律第六十二号〕

(指定等)

第十六条 環境大臣は、特定施設の整備に必要な資金の融通の円滑化その他の産業廃棄物の処理に係る事業の振興措置等を推進することにより産業廃棄物の適正な処理の確保に資することを目的として設立された民法(明治二十九年法律第八十九号)第三十四条の規定による法人であって、次条に規定する業務を適正かつ確実に行うことができると認められるものを、その申請により、全国を通じて一個に限り、産業廃棄物処理事業振興財団(以下「振興財団」という。)として指定することができる。

2～4 (略)

(業務)

第十七条 振興財団は、次に掲げる業務を行うものとする。

一 認定計画に係る特定施設のうち、二以上の種類の産業廃棄物処理施設(廃油、廃酸、廃アルカリ及び特別管理産業廃棄物以外の産業廃棄物の最終処分場又は廃油、廃酸、廃アルカリ若しくは特別管理産業廃棄物の処理施設(専ら産業廃棄物の再生の処理を行うものを除く。)に限る。)を含む第二条第二項第一号に掲げる施設又は同項第二号に掲げる施設を含むもの(次号において「特定債務保証対象施設」という。)の整備の事業に必要な資金の借入れに係る債務を保証すること。

二 認定計画に係る特定施設(特定債務保証対象施設を除く。)の整備の事業に必要な資金の借入れに係る債務を保証すること。

三 廃棄物処理法第十四条第十二項に規定する産業廃棄物処分業者、廃棄物処理法第十四条の四第十二項に規定する特別管理産業廃棄物処分業者その他環境省令で定める者(以下「産業廃棄物処分業者等」という。)が行う産業廃棄物処理施設の整備の事業、産業廃棄物の処理に関する技術の研究開発の事業その他の産業廃棄物の処理に係る事業であって共同して行われるものに必要な資金の借入れに係る債務を保証すること。

四 産業廃棄物処分業者等が行う産業廃棄物処理施設の近代化又は高度化を図るための施設の整備の事業のために必要な資金の借入れに係る債務を保証すること。

五 産業廃棄物処分業者等に対してこれらの者が行う産業廃棄物の処理に関する新たな技術の開発又は起業化に必要な資金に充てるための助成金を交付すること。

六 産業廃棄物の処理に関する情報又は資料を収集し、及び提供すること。

七　産業廃棄物の処理に関する調査研究を行うこと。

八　産業廃棄物の処理に関し、産業廃棄物処分業者等又はその従業員に対して研修又は指導を行うこと。

九　前各号に掲げる業務に附帯する業務を行うこと。

（業務の委託）

第十八条　振興財団は、環境大臣の認可を受けて、前条第一号から第四号までに掲げる業務（債務の保証の決定を除く。）の一部を金融機関に委託することができる。

2　金融機関は、他の法律の規定にかかわらず、前項の規定による委託を受け、当該業務を行うことができる。

（基金）

第十九条　振興財団は、第十七条各号に掲げる業務に関する基金（第二十五条において「基金」という。）を設け、これらの業務に要する費用に充てることを条件として事業者等から出えんされた金額の合計額をもってこれに充てるものとする。

（区分経理）

第二十一条　振興財団は、次に掲げる業務については、当該業務ごとに経理を区分し、それぞれ勘定を設けて整理しなければならない。

一　第十七条第一号に掲げる業務及びこれに附帯する業務

二　第十七条第二号から第四号までに掲げる業務及びこれらに附帯する業務

三　第十七条第五号に掲げる業務及びこれに附帯する業務

四　第十七条第六号から第八号までに掲げる業務及びこれらに附帯する業務

（報告及び検査）

第二十二条　環境大臣は、第十七条各号に掲げる業務の適正な運営を確保するために必要な限度において、振興財団に対し、当該業務若しくは資産の状況に関し必要な報告をさせ、又はその職員に、振興財団の事務所に立ち入り、業務の状況若しくは帳簿書類その他の物件を検査させることができる。

2　前項の規定により立入検査をする職員は、その身分を示す証明書を携帯し、関係者に提示しなければならない。

3　第一項の規定による立入検査の権限は、犯罪捜査のために認められたものと解釈してはならない。

（監督命令）

第二十三条　環境大臣は、この章の規定を施行するために必要な限度において、振興財団に対し、第十七条各号に掲げる業務に関し監督上必要な命令をすることができる。

（指定の取消し等）

第二十四条　環境大臣は、振興財団が次の各号のいずれかに該当するときは、第十六条第一項の規定による指定（以下この条において「指定」という。）を取り消すことができる。
一　第十七条各号に掲げる業務を適正かつ確実に実施することができないと認められるとき。
二　指定に関し不正の行為があったとき。
三　この章の規定又は当該規定に基づく命令若しくは処分に違反したとき。
2　環境大臣は、前項の規定により指定を取り消したときは、その旨を公示しなければならない。

○種苗法（抄）

〔平成十年五月二十九日法律第八十三号〕

（品種登録の要件）
第三条　次に掲げる要件を備えた品種の育成（人為的変異又は自然的変異に係る特性を固定し又は検定することをいう。以下同じ。）をした者又はその承継人（以下「育成者」という。）は、その品種についての登録（以下「品種登録」という。）を受けることができる。
一　品種登録出願前に日本国内又は外国において公然知られた他の品種と特性の全部又は一部によって明確に区別されること。
二　同一の繁殖の段階に属する植物体のすべてが特性の全部において十分に類似していること。
三　繰り返し繁殖させた後においても特性の全部が変化しないこと。
2　品種登録出願又は外国に対する品種登録出願に相当する出願に係る品種につき品種の育成に関する保護が認められた場合には、その品種は、出願時において公然知られた品種に該当するに至ったものとみなす。
第四条　品種登録は、品種登録出願に係る品種（以下「出願品種」という。）の名称が次の各号のいずれかに該当する場合には、受けることができない。
一　一の出願品種につき一でないとき。
二　出願品種の種苗に係る登録商標又は当該種苗と類似の商品に係る登録商標と同一又は類似のものであるとき。
三　出願品種の種苗又は当該種苗と類似の商品に関する役務に係る登録商標と同一又は類似のものであるとき。
四　出願品種に関し誤認を生じ、又はその識別に関し混同を生ずるおそれがあるものであるとき（前二号に掲げる場合を除く。）。
2　品種登録は、出願品種の種苗又は収穫物が、日本国内において品種登録出願の日から一年さかのぼった日前に、外国において当該品種登録出願の日から四年（永年性植物として農林水産省令で定める農林水産植物の種類に属する品種にあっては、六年）さかのぼった日前に、それぞれ業として譲渡されていた場合には、受けることができない。ただし、その譲渡が、試験若しくは研究のためのものである場合又は育成者の意に反してされたものである場合は、この限りでない。

（品種登録出願）

第五条　品種登録を受けようとする者は、農林水産省令で定めるところにより、次に掲げる事項を記載した願書を農林水産大臣に提出しなければならない。

一　出願者の氏名又は名称及び住所又は居所

二　出願品種の属する農林水産植物の種類

三　出願品種の名称

四　出願品種の育成をした者の氏名及び住所又は居所

五　前各号に掲げるもののほか、農林水産省令で定める事項

2　前項の願書には、農林水産省令で定めるところにより、農林水産省令で定める事項を記載した説明書及び出願品種の植物体の写真を添付しなければならない。

3　育成者が二人以上あるときは、これらの者が共同して品種登録出願をしなければならない。

（出願料）

第六条　出願者は、一件につき四万七千二百円を超えない範囲内で農林水産省令で定める額の出願料を納付しなければならない。

2　前項の規定は、出願者が国（独立行政法人通則法（平成十一年法律第百三号）第二条第一項に規定する独立行政法人のうち品種の育成に関する業務を行うものとして政令で定めるものを含む。次項、第四十五条第二項及び第三項並びに第五十四条第二項において同じ。）であるときは、適用しない。

3　第一項の出願料は、国と国以外の者が共同して品種登録出願をする場合であって、品種登録により発生することとなる育成者権について持分の定めがあるときは、同項の規定にかかわらず、同項の農林水産省令で定める出願料の額に国以外の者の持分の割合を乗じて得た額とし、国以外の者がその額を納付しなければならない。

4　前項の規定により算定した出願料の額に十円未満の端数があるときは、その端数は、切り捨てる。

（職務育成品種）

第八条　従業者、法人の業務を執行する役員又は国若しくは地方公共団体の公務員（以下「従業者等」という。）が育成をした品種については、その育成がその性質上使用者、法人又は国若しくは地方公共団体（以下「使用者等」という。）の業務の範囲に属し、かつ、その育成をするに至った行為が従業者等の職務に属する品種（以下「職務育成品種」という。）である場合を除き、あらか

じめ使用者等が品種登録出願をすること、従業者等がした品種登録出願の出願者の名義を使用者等に変更すること又は従業者等が品種登録を受けた場合には使用者等に育成者権を承継させ若しくは使用者等のため専用利用権を設定することを定めた契約、勤務規則その他の定めの条項は、無効とする。

2　従業者等は、契約、勤務規則その他の定めにより、職務育成品種について、使用者等が品種登録出願をしたとき、従業者等がした品種登録出願の出願者の名義を使用者等に変更したとき、又は従業者等が品種登録を受けた場合において使用者等に育成者権を承継させ若しくは使用者等のため専用利用権を設定したときは、使用者等に対し、その職務育成品種により使用者等が受けるべき利益の額及びその職務育成品種の育成がされるについて使用者等が貢献した程度を考慮して定められる対価の支払を請求することができる。

3　使用者等又はその一般承継人は、従業者等又はその承継人が職務育成品種について品種登録を受けたときは、その育成者権について通常利用権を有する。

（登録料）

第四十五条　育成者権者は、第十九条第二項に規定する存続期間の満了までの各年について、一件ごとに、三万六千円を超えない範囲内で農林水産省令で定める額の登録料を納付しなければならない。

2　前項の規定は、育成者権者が国であるときは、適用しない。

3　第一項の登録料は、育成者権が国と国以外の者との共有に係る場合であって持分の定めがあるときは、同項の規定にかかわらず、同項の農林水産省令で定める登録料の額に国以外の者の持分の割合を乗じて得た額とし、国以外の者がその額を納付しなければならない。

4　前項の規定により算定した登録料の額に十円未満の端数があるときは、その端数は、切り捨てる。

5　第一項の規定による第一年分の登録料は、第十八条第三項の規定による公示があった日から三十日以内に納付しなければならない。

6　第一項の規定による第二年以後の各年分の登録料は、前年以前に納付しなければならない。

7　前項に規定する期間内に登録料を納付することができないときは、その期間が経過した後であっても、その期間の経過後六月以内にその登録料を追納することができる。

8　前項の規定により登録料を追納する育成者権者は、第一項の規定により納付すべき登録料のほか、その登録料と同額の割増登録料を納付しなければならない。

○農林漁業有機物資源のバイオ燃料の原材料としての利用の促進に関する法律の施行期日を定める政令

〔平成二十年九月十九日
政令第二百九十五号〕

内閣は、農林漁業有機物資源のバイオ燃料の原材料としての利用の促進に関する法律（平成二十年法律第四十五号）附則第一条の規定に基づき、この政令を制定する。

農林漁業有機物資源のバイオ燃料の原材料としての利用の促進に関する法律の施行期日は、平成二十年十月一日とする。

○農林漁業有機物資源のバイオ燃料の原材料としての利用の促進に関する法律施行令

〔平成二十年九月十九日
政令第二百九十六号〕

内閣は、農林漁業有機物資源のバイオ燃料の原材料としての利用の促進に関する法律（平成二十年法律第四十五号）第二条第三項、第三条第一項、第八条から第十条まで、第十一条第三項第五号及び第八号並びに第十三条の規定に基づき、この政令を制定する。

（農業協同組合等）

第一条　農林漁業有機物資源のバイオ燃料の原材料としての利用の促進に関する法律（以下「法」という。）第二条第三項の農業協同組合その他の政令で定める法人は、次のとおりとする。

一　農業協同組合、農業協同組合連合会及び農事組合法人
二　漁業協同組合及び漁業協同組合連合会
三　森林組合及び森林組合連合会
四　事業協同組合、事業協同小組合及び協同組合連合会
五　協業組合、商工組合及び商工組合連合会
六　一般社団法人

（特定バイオ燃料）

第二条　法第二条第三項の政令で定めるバイオ燃料は、次のとおりとする。

一　木炭（竹炭を含む。）
二　木竹に由来する農林漁業有機物資源を破砕することにより均質にし、乾燥し、かつ、一定の形状に圧縮成形したもの
三　エタノール
四　脂肪酸メチルエステル
五　水素、一酸化炭素及びメタンを主成分とするガス
六　メタン

（事業協同組合等）

第三条　法第二条第三項の事業協同組合その他の政令で定める法人は、次のとおりとする。

一　事業協同組合、事業協同小組合及び協同組合連合会
二　協業組合、商工組合及び商工組合連合会
三　農業協同組合連合会
四　漁業協同組合連合会、水産加工業協同組合及び水産加工業協同組合連合会
五　森林組合及び森林組合連合会
六　一般社団法人

（基本方針）

第四条　法第三条第一項の基本方針は、おおむね五年ごとに定めるものとする。

（農業改良資金の償還期間の特例）

第五条　法第八条の政令で定める期間は、十二年以内とする。

（林業・木材産業改善資金の償還期間の特例）

第六条　法第九条の政令で定める期間は、十二年以内とする。

（沿岸漁業改善資金の償還期間の特例）

第七条　法第十条の政令で定める種類の資金及びその種類ごとの政令で定める期間は、次の表のとおりとする。

	資金の種類	期間
一	沿岸漁業改善資金助成法施行令（昭和五十四年政令第百二十四号）第二条の表第一号から第四号までに掲げる資金	九年以内
二	沿岸漁業改善資金助成法施行令第二条の表第五号に掲げる資金	五年以内
三	沿岸漁業改善資金助成法施行令第二条の表第六号及び第七号並びに第四条の表第三号に掲げる資金	十二年以内

（中小企業者の範囲）

第八条　法第十一条第三項第五号に規定する政令で定める業種並びにその業種ごとの資本金の額又は出資の総額及び従業員の数は、次の表のとおりとする。

	業種	資本金の額又は出資の総額	従業員の数
一	ゴム製品製造業（自動車又は航空機用タイヤ及びチューブ製造業並びに工業用ベルト製造業を除く。）	三億円	九百人
二	ソフトウェア業又は情報処理サービス業	三億円	三百人
三	旅館業	五千万円	二百人

2　法第十一条第三項第八号の政令で定める組合及び連合会は、次のとおりとする。

一　事業協同組合、事業協同小組合及び協同組合連合会
二　農業協同組合、農業協同組合連合会及び農事組合法人
三　漁業協同組合、漁業生産組合、漁業協同組合連合会、水産加工業協同組合及び水産加工業協同組合連合会
四　森林組合、生産森林組合及び森林組合連合会
五　商工組合及び商工組合連合会
六　鉱工業技術研究組合であって、その直接又は間接の構成員の三分の二以上が法第十一条第三項第一号から第七号までに規定

する中小企業者であるもの

（出願料の軽減）

第九条　法第十三条第一項の規定により出願料の軽減を受けようとする者は、次に掲げる事項を記載した申請書に、申請に係る出願品種が認定研究開発事業計画に従って行われる研究開発事業の成果に係るものであることを証する書面を添付して、農林水産大臣に提出しなければならない。

一　申請人の氏名又は名称及び住所又は居所

二　申請に係る出願品種の属する農林水産植物（種苗法（平成十年法律第八十三号）第二条第一項に規定する農林水産植物をいう。）の種類及び当該出願品種の名称

三　法第十三条第一項第一号に掲げる者又は同項第二号に掲げる者の別

四　出願料の軽減を受けようとする旨

2　法第十三条第一項第二号に掲げる者が前項の申請書を提出する場合には、同項の規定により添付しなければならないこととされる書面のほか、次に掲げる書面を添付しなければならない。

一　申請に係る出願品種が種苗法第八条第一項に規定する従業者等（次条第二項において「従業者等」という。）がした同法第八条第一項に規定する職務育成品種（次条第二項第一号において「職務育成品種」という。）であることを証する書面

二　申請に係る出願品種についてあらかじめ種苗法第八条第一項に規定する使用者等（次条第二項第二号において「使用者等」という。）が品種登録出願をすることが定められた契約、勤務規則その他の定めの写し

3　農林水産大臣は、第一項の申請書の提出があったときは、種苗法第六条第一項の規定により納付すべき出願料の額の四分の三に相当する額を軽減するものとする。

（登録料の軽減）

第十条　法第十三条第二項の規定により登録料の軽減を受けようとする者は、次に掲げる事項を記載した申請書に、申請に係る登録品種が認定研究開発事業計画に従って行われる研究開発事業の成果に係るものであることを証する書面を添付して、農林水産大臣に提出しなければならない。

一　申請人の氏名又は名称及び住所又は居所

二　申請に係る登録品種の品種登録（種苗法第三条第一項に規定する品種登録をいう。）の番号

三　法第十三条第二項第一号に掲げる者又は同項第二号に掲げる者の別

四　登録料の軽減を受けようとする旨

2　法第十三条第二項第二号に掲げる者が前項の申請書を提出する場合には、同項の規定により添付しなければならないこととされ

る書面のほか、次に掲げる書面を添付しなければならない。
一　申請に係る登録品種が従業者等がした職務育成品種であることを証する書面
二　申請に係る登録品種についてあらかじめ使用者等が品種登録出願をすること又は従業者等がした品種登録出願の出願者の名義を使用者等に変更することが定められた契約、勤務規則その他の定めの写し
3　農林水産大臣は、第一項の申請書の提出があったときは、種苗法第四十五条第一項の規定による第一年から第六年までの各年分の登録料の額の四分の三に相当する額を軽減するものとする。

附　則

（施行期日）
第一条　この政令は、法の施行の日（平成二十年十月一日）から施行する。

（調整規定）
第二条　一般社団法人及び一般財団法人に関する法律（平成十八年法律第四十八号）の施行の日の前日までの間における第一条第六号及び第三条第六号の規定の適用については、第一条第六号中「一般社団法人」とあるのは「民法（明治二十九年法律第八十九号）第三十四条の規定により設立された社団法人」と、第三条第六号中「一般社団法人」とあるのは「民法第三十四条の規定により設立された社団法人」とする。

＜参照条文＞

○沿岸漁業改善資金助成法施行令（抄）

〔昭和五十四年四月二十七日
政令第百二十四号〕

（経営等改善資金の種類、償還期間及び据置期間）

第二条　法第二条第二項の政令で定める資金は、次の表の上欄に掲げるとおりとし、当該資金に係る法第五条第二項の政令で定める期間及び同条第三項の政令で定める期間は、当該資金の種類に応じ、それぞれ同表の中欄及び下欄に掲げるとおりとする。

経営等改善資金の種類	償還期間	据置期間
一　自動操だ装置その他の操船作業を省力化するための機器、設備又は装置（以下「機器等」という。）の設置に必要な資金	七年以内	一年以内
二　動力式つり機その他の漁ろう作業を省力化するための機器等の設置に必要な資金	七年以内	一年以内
三　前二号に規定する機器等を駆動し、又は作動させるための補機関その他の機器等の設置に必要な資金	七年以内	一年以内
四　推進機関その他の漁船に設置される機器等であつて、通常の型式のもの又は通常の方式によるものと比較して燃料油の消費が節減されるものの設置に必要な資金	七年以内	一年以内
五　農林水産大臣が定める基準に基づき、農林水産大臣が定める種類に属する水産動植物の養殖の技術（以下「養殖技術」という。）又は農林水産大臣が定める養殖技術を導入する場合において、当該養殖技術により水産動植物の養殖を行うのに必要な資金	四年以内	二年以内
六　農林水産大臣が定める基準に基づき、水産資源の管理に関する取決めを締結して水産資源を合理的かつ総合的に利用する漁業生産方式の導入（当該漁業生産方式の導入と併せ行う水産物の合理的な加工方式の導入を含む。）を行うために必要な機器等の購入又は設置に必要な資金	十年以内	三年以内
七　農林水産大臣が定める基準に基づき、漁場の保全に関する取決めを締結して養殖業の生産行程を総合的に改善する漁業生産方式の導入を行う	十年以内	三年以内

ために必要な機器等（資材を含む。）の購入又は設置に必要な資金		
八　漁船に設置される転落防止用手すりその他の漁船の乗組員の生命又は身体の安全を確保するための機器等の設置に必要な資金	五年以内	一年以内
九　漁船に備え付けられる救命胴衣その他の救命設備又は消火器その他の消防設備の購入に必要な資金	五年以内	―
十　漁獲物の横移動防止装置その他の漁船の転覆又は沈没を防止するための機器等の設置に必要な資金	五年以内	一年以内
十一　レーダー反射器その他の漁船の衝突を防止するための機器等の購入又は設置に必要な資金	五年以内	―
十二　漁具の標識その他の敷設された漁具の船舶による損壊を防止するための機器等の購入に必要な資金	五年以内	―
十三　前各号に掲げるもののほか、都道府県が、当該都道府県の沿岸漁業の特殊性からみて当該都道府県の沿岸漁業の経営又は操業状態の改善を促進するために普及を図る必要があると認められる近代的な漁業技術の導入に必要なものとして農林水産大臣と協議して指定する資金	五年以内	一年以内

（青年漁業者等養成確保資金の種類、償還期間及び据置期間）

第四条　法第二条第四項の政令で定める資金は、次の表の上欄に掲げるとおりとし、当該資金に係る法第五条第二項の政令で定める期間及び同条第三項の政令で定める期間は、当該資金の種類に応じ、それぞれ同表の中欄及び下欄に掲げるとおりとする。

青年漁業者等養成確保資金の種類	償還期間	据置期間
一　青年漁業者、漁業労働に従事する者その他の漁業を担うべき者が近代的な沿岸漁業の経営方法又は技術を実地に習得するための研修で、農林水産大臣が定める基準に適合するものを受けるのに必要な資金	七年以内	一年以内
二　青年漁業者が行う近代的な沿岸漁業の経営方法又は技術の習得で、農林水産大臣が定める基準に適合するものに必要な資金	五年以内	―
三　農林水産大臣が定める基準に基づき、青年漁業者又はその組織する団体が近代的な沿岸漁業の経営を自ら行う場合に当該経営を開始するのに必要な資金	十年以内	三年以内

○種苗法（抄）

〔平成十年五月二十九日
法律第八十三号〕

（定義等）

第二条　この法律において「農林水産植物」とは、農産物、林産物及び水産物の生産のために栽培される種子植物、しだ類、せんい類、多細胞の藻類その他政令で定める植物をいい、「植物体」とは、農林水産植物の個体をいう。

2〜7　（略）

（品種登録の要件）

第三条　次に掲げる要件を備えた品種の育成（人為的変異又は自然的変異に係る特性を固定し又は検定することをいう。以下同じ。）をした者又はその承継人（以下「育成者」という。）は、その品種についての登録（以下「品種登録」という。）を受けることができる。

一　品種登録出願前に日本国内又は外国において公然知られた他の品種と特性の全部又は一部によって明確に区別されること。

二　同一の繁殖の段階に属する植物体のすべてが特性の全部において十分に類似していること。

三　繰り返し繁殖させた後においても特性の全部が変化しないこと。

2　（略）

（出願料）

第六条　出願者は、一件につき四万七千二百円を超えない範囲内で農林水産省令で定める額の出願料を納付しなければならない。

2〜4　（略）

（職務育成品種）

第八条　従業者、法人の業務を執行する役員又は国若しくは地方公共団体の公務員（以下「従業者等」という。）が育成をした品種については、その育成がその性質上使用者、法人又は国若しくは地方公共団体（以下「使用者等」という。）の業務の範囲に属し、かつ、その育成をするに至った行為が従業者等の職務に属する品種（以下「職務育成品種」という。）である場合を除き、あらかじめ使用者等が品種登録出願をすること、従業者等がした品種登録出願の出願者の名義を使用者等に変更すること又は従業者等が品種登録を受けた場合には使用者等に育成者権を承継させ若しくは使用者等のため専用利用権を設定することを定めた契約、勤務規則その他の定めの条項は、無効とする。

2・3　（略）

（育成者権の効力）

第二十条　育成者権者は、品種登録を受けている品種（以下「登録品種」という。）及び当該登録品種と特性により明確に区別されない品種を業として利用する権利を専有する。ただし、その育成者権について専用利用権を設定したときは、専用利用権者がこれらの品種を利用する権利を専有する範囲については、この限りでない。

2・3 （略）

（登録料）

第四十五条 育成者権者は、第十九条第二項に規定する存続期間の満了までの各年について、一件ごとに、三万六千円を超えない範囲内で農林水産省令で定める額の登録料を納付しなければならない。

2〜8 （略）

○一般社団法人及び一般財団法人に関する法律（抄）

〔平成十八年法律第四十八号〕

附 則

（施行期日）

1 この法律は、公布の日から起算して二年六月を超えない範囲内において政令で定める日から施行する。

○一般社団法人及び一般財団法人に関する法律の施行期日を定める政令（抄）

〔平成十九年九月七日政令二百七十五号〕

一般社団法人及び一般財団法人に関する法律の施行期日は、平成二十年十二月一日とする。

○民法（抄）

〔明治二十九年四月二十七日法律第八十九号〕

（公益法人の設立）

第三十四条 学術、技芸、慈善、祭祀し、宗教その他の公益に関する社団又は財団であって、営利を目的としないものは、主務官庁の許可を得て、法人とすることができる。

○農林漁業有機物資源のバイオ燃料の原材料としての利用の促進に関する法律施行規則

〔平成二十年九月二十九日　農林水産省　経済産業省令　第一号　環境省〕

農林漁業有機物資源のバイオ燃料の原材料としての利用の促進に関する法律（平成二十年法律第四十五号）第二条第二項及び第三項、第四条第一項、第五条第一項、第六条第一項並びに第七条第一項の規定に基づき、並びに同法及び農林漁業有機物資源のバイオ燃料の原材料としての利用の促進に関する法律施行令（平成二十年政令第二百九十六号）を実施するため、農林漁業有機物資源のバイオ燃料の原材料としての利用の促進に関する法律施行規則を次のように定める。

（バイオ燃料の製造方法に含まない簡易な方法）

第一条　農林漁業有機物資源のバイオ燃料の原材料としての利用の促進に関する法律（以下「法」という。）第二条第二項の主務省令で定める簡易な方法は、単なる乾燥、切断、破砕及び粉砕とする。

（農林漁業有機物資源をバイオ燃料の原材料として利用するために必要な行為）

第二条　法第二条第三項の主務省令で定める行為は、農林漁業有機物資源（農林水産物の生産又は加工に伴い副次的に得られたものに限る。）をバイオ燃料の原材料として利用するために必要な圧縮、乾燥、こん包、収集、切断、脱水、破砕、粉砕、分別及び保管とする。

（生産製造連携事業計画の認定の申請）

第三条　法第四条第一項の規定により生産製造連携事業計画の認定を受けようとする者は、別記様式第一号による申請書を主務大臣に提出しなければならない。

2　前項の申請書には、次に掲げる書類を添付しなければならない。

一　当該申請をしようとする者が法人である場合には、その定款又はこれに代わる書面

二　当該申請をしようとする者が個人である場合には、その住民票の写し（外国人にあっては、外国人登録証明書の写し）

三　当該申請をしようとする者の最近二期間の事業報告書、貸借対照表及び損益計算書（これらの書類がない場合にあっては、最近一年間の事業内容の概要を記載した書類）

四　特定バイオ燃料を製造する施設の規模及び構造を明らかにし

た図面

五　農林漁業有機物資源が廃棄物である場合にあっては、当該農林漁業有機物資源を処理するに当たり廃棄物の処理及び清掃に関する法律（昭和四十五年法律第百三十七号）第七条、第八条、第十四条又は第十五条の許可を要するときは、当該許可を得ていること又は得る見込みがあることを証する書類

（生産製造連携事業計画の変更の認定の申請）

第四条　法第五条第一項の規定により生産製造連携事業計画の変更の認定を受けようとする認定事業者は、別記様式第二号による申請書を主務大臣に提出しなければならない。

2　前項の申請書には、次に掲げる書類を添付しなければならない。ただし、第二号に掲げる書類については、既に主務大臣に提出されている当該書類の内容に変更がないときは、申請書にその旨を記載して当該書類の添付を省略することができる。

一　当該生産製造連携事業計画に従って行われる生産製造連携事業の実施状況を記載した書類

二　前条第二項各号に掲げる書類

（研究開発事業計画の認定の申請）

第五条　法第六条第一項の規定により研究開発事業計画の認定を受けようとする者は、別記様式第三号による申請書を主務大臣に提出しなければならない。

2　前項の申請書には、次に掲げる書類を添付しなければならない。

一　当該申請をしようとする者が法人である場合には、その定款又はこれに代わる書面

二　当該申請をしようとする者が個人である場合には、その住民票の写し（外国人にあっては、外国人登録証明書の写し）

三　当該申請をしようとする者の最近二期間の事業報告書、貸借対照表及び損益計算書（これらの書類がない場合にあっては、最近一年間の事業内容の概要を記載した書類）

（研究開発事業計画の変更の認定の申請）

第六条　法第七条第一項の規定により研究開発事業計画の変更の認定を受けようとする認定研究開発事業者は、別記様式第四号による申請書を主務大臣に提出しなければならない。

2　前項の申請書には、次に掲げる書類を添付しなければならない。ただし、第二号に掲げる書類については、既に主務大臣に提出されている当該書類の内容に変更がないときは、申請書にその旨を記載して当該書類の添付を省略することができる。

一　当該研究開発事業計画に従って行われる研究開発事業の実施状況を記載した書類

二　前条第二項各号に掲げる書類

（出願料軽減申請書の様式）

第七条　農林漁業有機物資源のバイオ燃料の原材料としての利用の

促進に関する法律施行令（以下「令」という。）第九条第一項の申請書は、一の申請ごとに別記様式第五号により作成しなければならない。

（登録料軽減申請書の様式）

第八条　令第十条第一項の申請書は、一の申請ごとに別記様式第六号により作成しなければならない。

（出願料軽減申請書等の添付書面の省略）

第九条　令第九条第一項又は第十条第一項の申請書（以下「出願料軽減申請書等」という。）に添付すべき書面を他の出願料軽減申請書等の提出に係る手続において既に農林水産大臣に提出した者は、当該他の出願料軽減申請書等に添付した令第九条第一項に規定する申請に係る出願品種が認定研究開発事業計画に従って行われる研究開発事業の成果に係るものであることを証する書面若しくは同条第二項各号に掲げる書面又は令第十条第一項に規定する申請に係る登録品種が認定研究開発事業計画に従って行われる研究開発事業の成果に係るものであることを証する書面若しくは同条第二項各号に掲げる書面に変更がないときは、出願料軽減申請書等にその旨を記載して当該書面の添付を省略することができる。

（確認書の交付）

第十条　農林水産大臣は、出願料軽減申請書等及びこれに添付すべき書面の提出があった場合において、申請人が法第十三条第一項又は第二項に規定する認定研究開発事業者であることを確認したときは、その申請人に確認書を交付するものとする。

附　則

この省令は、法の施行の日（平成二十年十月一日）から施行する。

別記様式第１号（第３条関係）

生産製造連携事業計画に係る認定申請書

年　　月　　日

主務大臣名　殿

申請者（農林漁業者等又は農業協同組合等）
住　　　所
名称及び
代表者の氏名
（個人の場合は氏名）　　　　　　　　　印

申請者（バイオ燃料製造業者又は事業協同組合等）
住　　　所
名称及び
代表者の氏名
（個人の場合は氏名）　　　　　　　　　印

農林漁業有機物資源のバイオ燃料の原材料としての利用の促進に関する法律第４条第１項の規定に基づき、別紙の計画について認定を受けたいので申請します。

（備考）

1　「申請者」には、生産製造連携事業を行うすべての農林漁業者等及びバイオ燃料製造業者を記載すること。ただし、農業協同組合等又は事業協同組合等が、その構成員のために計画を作成する場合にあっては、当該農業協同組合等又は事業協同組合等のみを「申請者」として記載すること。

2　用紙の大きさは、日本工業規格Ａ４とし、記名押印については、氏名を自署する場合、押印を省略することができる。

（別紙１）

1　事業名

2　生産製造連携事業に参加する者の概要

(1)　農林漁業者等又は農業協同組合等の概要

	①名称、②住所、③代表者名、④連絡先（電話番号、ＦＡＸ番号、担当者名）、⑤法人にあっては資本の額又は出資の総額、⑥従業員数又は組合員数、⑦年間売上高、⑧業種

(2)　バイオ燃料製造業者又は事業協同組合等の概要

	①名称、②住所、③代表者名、④連絡先（電話番号、ＦＡＸ番号、担当者名）、⑤法人にあっては資本の額又は出資の総額、⑥従業員数又は組合員数、⑦年間売上高、⑧業種

(3)　生産製造連携事業に協力する大学、研究機関等がある場合は、その概要

	①名称、②住所、③代表者名、④連絡先（電話番号、ＦＡＸ番号、担当者名）、⑤法人にあっては資本の額又は出資の総額、⑥従業員数又は組合員数、⑦年間売上高、⑧業種

3　生産製造連携事業を実施する必要性

4　生産製造連携事業の目標

5　生産製造連携事業の内容

(1)　農林漁業有機物資源及び特定バイオ燃料の内容等

①農林漁業有機物資源の種類（及び農林漁業有機物資源が廃棄物である場合には、その性状）	
②農林漁業有機物資源の利用の現状	
③食料又は飼料としても利用可能な農林漁業有機物資源を原材料とする生産製造連携事業を行うことによる食料又は飼料の供給への影響	
④特定バイオ燃料の種類	
⑤特定バイオ燃料の具体的な用途	
⑥生産製造連携事業の実施体制	

(2)　安定的な取引関係の確立のための措置

農林漁業有機物資源の種類	取引時期、価格の決定方法その他の取引の方法

(3)　バイオ燃料製造業者の需要に適確に対応した農林漁業有機物資源の生産を図るための措置（当該措置と併せて実施する農林漁業有機物資源の効率的な運搬を図るための措置を含む。）

ア　年度別の農林漁業有機物資源の生産計画　（単位　t）

農林漁業有機物資源の種類	直近期末（　年度）	1年後（　年度）	2年後（　年度）	3年後（　年度）	4年後（　年度）	5年後（　年度）

イ　アの計画を実施するための措置の内容

番号	実施者	実　施　内　容	実施期間

ウ　イの措置として整備する施設等

番号	実施者	施設等の名　　称	施設等の規模・能力等（㎡、台等）	事業費（千円）

(4)　特定バイオ燃料の効率的な製造を図るための措置（当該措置と併せて実施する農林漁業有機物資源の効率的な運搬を図るための措置を含む。）

ア　年度別の特定バイオ燃料の製造計画　（単位　t、Kl等）

特定バイオ燃料の種類	直近期末（　年度）	1年後（　年度）	2年後（　年度）	3年後（　年度）	4年後（　年度）	5年後（　年度）

イ　特定バイオ燃料を製造する施設等の概要

所有者	特定バイオ燃料の種類及び施設等の名称	施設等の所在地	取得日又は取得予定日	処理能力（t、㎥等／日）	製造能力（t、Kl等／年）

ウ　アの計画を実施するための措置の内容

番号	実施者	実　施　内　容	実施期間

エ　ウの措置として整備する施設、機械等の概要

番号	実施者	施設等の名　　称	施設等の規模・能力等（㎡、台等）	事業費（千円）

6　生産製造連携事業の実施期間

平成　　年　　月　　日〜平成　　年　　月　　日

7　農林漁業有機物資源が廃棄物である場合にあっては、その適正な処理の確保に関する事項

（別紙２）

8　生産製造連携事業を実施するために必要な資金の額及びその調達方法

（別紙３）

9　その他重要事項

（備考）

その他、生産製造連携事業を説明するに当たり、必要と思われる書類を添付すること。

（別紙２）

7　農林漁業有機物資源が廃棄物である場合にあっては、その適正な処理の確保に関する事項

(1)　廃棄物である農林漁業有機物資源の処理の内容

ア　廃棄物である農林漁業有機物資源の保管の状況

保管者の別	保管施設の容量	保管施設の場所
	㎡ t	

イ　廃棄物である農林漁業有機物資源の処理業務を行う具体的な体制

(2)　廃棄物である農林漁業有機物資源を処理する施設の内容

ア　廃棄物である農林漁業有機物資源の処理を行う施設の概要

①施設の処理方式及び設備の概要	
②環境保全上の措置の概要（公害防止用設備の設置等）	

イ　廃棄物である農林漁業有機物資源の処理を行う施設の維持管理に関する措置

①受け入れる廃棄物である農林漁業有機物資源の種類及び量が、当該施設の処理能力に適合するよう必要となる性状分析又は計量に関する措置		
②施設からの飛散流出・悪臭発散の防止のために必要となる措置		
③施設からの著しい騒音・振動の発生による周囲の生活環境を損なわないよう必要となる措置		
④施設から生じる排ガスの性状、放流水の水質等について周辺地域の生活環境の保全のため達成することとした数値		
⑤施設から排水を放流する場合の放流水に係る定期的な水質検査に関する措置		
⑥施設の定期的点検及び機能検査に関する措置		
⑦維持管理に要する資金（総額）（千円）		
	使途（内訳）（千円）	飛散防止に係る経費 定期的な水質検査に係る経費 定期的な排ガス濃度検査に係る経費 定期機能検査にかかる経費 その他

ウ　その他廃棄物である農林漁業有機物資源の適正な処理を行うために必要な施設に関する重要事項

（備考）

1　(1)については、廃棄物の処理及び清掃に関する法律（昭和45年法律第137号。以下「廃掃法」という。）第７条又は第14条に基づく一般廃棄物処理業又は産業廃棄物処理業の許可を得ている場合、当該許可を得ていることを証する書類を添付しているときは、記載することを要しないものとする。

2　(2)については、次の書類を添付しているときは、記載することを要しないものとする。

①　廃掃法第８条又は第15条に基づく一般廃棄物処理施設又は産業廃棄物処理施設の許可（以下「施設許可」という。）が不要である場合においては、その事実を証する書類

②　施設許可が必要であって、その許可を得ている場合においては、当該許可を得ていることを証する書類

（別紙３）

8　生産製造連携事業を実施するために必要な資金の額及びその調達方法

年度	実施者	使途項目	調　達　先　（千円）							
			補助金・委託費等	政府系金融機関	民間金融機関	株式、社債、新株予約権等	自己資金	その他	合　計	備　考
合　計										

（注）　農林漁業者等とバイオ燃料製造業者を分けて記載すること。また、調達先については、金額以外にも、借入先、資金名称、補助金名等を括弧書きで記載すること。

別記様式第２号（第４条関係）

認定生産製造連携事業計画の変更に係る認定申請書

年　　月　　日

主務大臣名　殿

申請者（農林漁業者等又は農業協同組合等）
住所
名称及び代表者の氏名
（個人の場合は氏名）　　　　　　　　　　印

申請者（バイオ燃料製造業者又は事業協同組合等）
住所
名称及び代表者の氏名
（個人の場合は氏名）　　　　　　　　　　印

年　　月　　日付けで認定を受けた生産製造連携事業計画「（事業名）」について、下記のとおり変更したいので、農林漁業有機物資源のバイオ燃料の原材料としての利用の促進に関する法律第５条第１項の規定に基づき、認定を申請します。

記

1　変更事項の内容
2　変更理由
3　添付を省略する書類（既に提出されている書類のうち、内容に変更がないもの）

（備考）
1　「申請者」には、生産製造連携事業を行うすべての農林漁業者等及びバイオ燃料製造業者を記載すること。ただし、農業協同組合等又は事業協同組合等が、その構成員のために計画を作成する場合にあっては、当該農業協同組合等又は事業協同組合等のみを「申請者」として記載すること。
2　変更事項の内容については、変更前と変更後を対比して記載すること。
3　用紙の大きさは、日本工業規格Ａ４とし、記名押印については、氏名を自署する場合、押印を省略することができる。

別記様式第３号（第５条関係）

研究開発事業計画に係る認定申請書

年　　月　　日

主務大臣名　殿

申請者

住　　　　所
名 称 及 び
代表者の氏名
（個人の場合は氏名）　　　　　　　　　　　印

農林漁業有機物資源のバイオ燃料の原材料としての利用の促進に関する法律第６条第１項の規定に基づき、別紙の計画について認定を受けたいので申請します。

（備考）

１　「申請者」には、研究開発事業を行うすべての者を記載すること。

２　用紙の大きさは、日本工業規格Ａ４とし、記名押印については、氏名を自署する場合、押印を省略することができる。

（別紙１）

1　事業名

2　研究開発事業に参加する者の概要

(1)　研究開発事業を行う者の概要

	①名称、②住所、③代表者名、④連絡先（電話番号、ＦＡＸ番号、担当者名）、⑤法人にあっては資本の額又は出資の総額、⑥従業員数又は組合員数、⑦年間売上高、⑧業種

(2)　研究開発事業に協力する大学、研究機関等がある場合は、その概要

	①名称、②住所、③代表者名、④連絡先（電話番号、ＦＡＸ番号、担当者名）、⑤法人にあっては資本の額又は出資の総額、⑥従業員数又は組合員数、⑦年間売上高、⑧業種

3　農林漁業者等又はバイオ燃料製造業者の抱える課題及び要請

4　研究開発事業の目標

5　研究開発事業の内容

(1)　研究開発事業の概要及び実施体制

①研究開発事業の概要（及び廃棄物の処理に関する研究開発を含む場合は、その旨）	
②研究開発事業の実施体制	

(2)　研究開発の年次計画

ア　農林漁業有機物資源の生産の高度化に資する研究開発（研究項目（サブテーマ）ごとに具体的に記載すること。）

番号	実施者	研究開発の具体的内容	実施期間

イ　バイオ燃料の製造の高度化に資する研究開発（研究項目（サブテーマ）ごとに具体的に記載すること。）

番号	実施者	研究開発の具体的内容	実施期間

(3)　研究開発事業の拠点となる施設（主たる研究開発事業の実施場所）の概要

所有者	施設等の名称	施設等の所在地	申請者の住所と異なる理由

(4)　研究開発を行う研究員等一覧

申請者の氏名又は名称			
研究員等氏名	役職	分担（(2)のア又はイの番号）	研究に関する経歴
協力者の氏名又は名称			
研究員等氏名	役職	分担（(2)のア又はイの番号）	研究に関する経歴

(5)　専門用語等の解説

6　研究開発事業の実施期間

平成　　年　　月　　日～平成　　年　　月　　日

7　研究開発事業を実施するために必要な資金の額及びその調達方法

（別紙２）

8　その他重要事項

（備考）

その他、研究開発事業を説明するに当たり、必要と思われる書類を添付すること。

（別紙２）

7　研究開発事業を実施するために必要な資金の額及びその調達方法

年度	実施者	使途項目	調　達　先　（千円）							
			補助金・委託費等	政府系金融機関	民間金融機関	株式、社債、新株予約権等	自己資金	その他	合計	備考
合計										

（注）　調達先については、金額以外にも、借入先、資金名称、補助金名等を括弧書きで記載すること。

別記様式第４号（第６条関係）

研究開発事業計画の変更に係る認定申請書

年　　月　　日

主務大臣名　殿

申請者

住　　　所

名 称 及 び

代表者の氏名

（個人の場合は氏名）　　　　　　　　印

年　　月　　日付けで認定を受けた研究開発事業計画「（事業名）」について、下記のとおり変更したいので、農林漁業有機物資源のバイオ燃料の原材料としての利用の促進に関する法律第７条第１項の規定に基づき、認定を申請します。

記

1　変更事項の内容
2　変更理由
3　添付を省略する書類（既に提出されている書類のうち、内容に変更がないもの）

（備考）

1　「申請者」には、研究開発事業を行うすべての者を記載すること。
2　変更事項の内容については、変更前と変更後を対比して記載すること。
3　用紙の大きさは、日本工業規格Ａ４とし、記名押印については、氏名を自署する場合、押印を省略することができる。

別記様式第５号（第７条関係）

出願料軽減申請書

年　　月　　日

農林水産大臣　殿

申請人（品種登録出願者）
住所又は居所
氏名又は名称　　　　　　　　　　　　　　印
法人の場合には代表者氏名：

農林漁業有機物資源のバイオ燃料の原材料としての利用の促進に関する法律（以下「法」という。）第13条第１項の規定による出願料の軽減を受けたいので、次のとおり申請します。

１　申請に係る出願品種
農林水産植物の種類：
出願品種の名称：

２　法第13条第１項第１号に掲げる者又は同項第２号に掲げる者の別
申請人は、
□法第13条第１項第１号に掲げる者
□法第13条第１項第２号に掲げる者

３　認定研究開発事業計画の事業名及び認定年月日
事　業　名：
認定年月日：

４　添付書面の目録
□認定研究開発事業計画に従って行われる研究開発事業の成果に係るものであることを証する書面
□職務育成品種であることを証する書面（該当する場合）
□使用者等が品種登録出願をすることが定められた契約、勤務規則その他の定めの写し（該当する場合）

（備考）
１　用紙の大きさは、日本工業規格Ａ４とし、記名押印については、氏名を自署する場合、押印を省略することができる。
２　４の添付書面については、他の出願料軽減申請書等の提出に係る手続において提出している場合には、省略することができる。

別記様式第６号（第８条関係）

登録料軽減申請書

年　　月　　日

農林水産大臣　殿

申請人（品種登録出願者）
住所又は居所
氏名又は名称　　　　　　　　　　　　印
法人の場合には代表者氏名：

農林漁業有機物資源のバイオ燃料の原材料としての利用の促進に関する法律（以下「法」という。）第13条第２項の規定による登録料の軽減を受けたいので、次のとおり申請します。

1　申請に係る登録品種の品種登録の番号：
2　法第13条第２項第１号に掲げる者又は同項第２号に掲げる者の別
申請人は、
□法第13条第２項第１号に掲げる者
□法第13条第２項第２号に掲げる者
3　認定研究開発事業計画の事業名及び認定年月日
事　業　名：
認定年月日：
4　登録料の納付年分：
5　添付書面の目録
□認定研究開発事業計画に従って行われる研究開発事業の成果に係るものであることを証する書面
□職務育成品種であることを証する書面（該当する場合）
□使用者等が品種登録出願をすること又は従業者等がした品種登録出願の名義を使用者等に変更することが定められた契約、勤務規則その他の定めの写し（該当する場合）

（備考）
1　用紙の大きさは、日本工業規格Ａ４とし、記名押印については、氏名を自署する場合、押印を省略することができる。
2　５の添付書面については、他の出願料軽減申請書等の提出に係る手続において提出している場合には、省略することができる。

○農林漁業有機物資源のバイオ燃料の原材料としての利用の促進に関する基本方針

〔平成二十年十月二日
農林水産省
経済産業省告示第三号
環境省〕

農林漁業有機物資源のバイオ燃料の原材料としての利用の促進に関する法律（平成二十年法律第四十五号）第三条第一項の規定に基づき、農林漁業有機物資源のバイオ燃料の原材料としての利用の促進に関する基本方針を次のように定めたので、同条第七項の規定に基づき公表する。

この基本方針は、農林漁業有機物資源のバイオ燃料の原材料としての利用の促進に関する法律（以下「法」という。）第三条第一項の規定に基づき、農林漁業有機物資源のバイオ燃料の原材料としての利用の促進の意義及び基本的な方向、生産製造連携事業及び研究開発事業の実施に関する基本的な事項、農林漁業有機物資源のバイオ燃料の原材料としての利用の促進に関する重要事項並びに農林漁業有機物資源のバイオ燃料の原材料としての利用の促進に際し配慮すべき重要事項を定めるものである。

第一　農林漁業有機物資源のバイオ燃料の原材料としての利用の促進の意義

我が国の農林漁業・農山漁村を取り巻く現状については、人口が減少局面に入り、農林水産物の国内市場規模の縮小が懸念されている中で、農林漁業の活力が低下する等、非常に厳しい状況となっている。

他方、近年の原油価格の高騰、地球温暖化といった内外の諸問題に対応する観点から、バイオ燃料の生産の拡大が喫緊の課題となっている。

我が国においては、農林漁業有機物資源の大部分が農山漁村に存在し、農林水産業及び農山漁村が農林漁業有機物資源の供給に関し極めて重要な役割を担うものであることから、そのバイオ燃料の原材料としての利用を促進することは、農林漁業有機物資源の新たな需要の開拓とその有効な利用の確保を通じ、農林水産業の持続的かつ健全な発展に寄与するとともに、併せて、農山漁村の活性化、我が国の農林水産物の供給能力の維持向上及び農業、農村、森林等の有する多面的機能の維持増進に資することとなる。

また、農林漁業有機物資源のバイオ燃料の原材料としての利用を促進することは、我が国におけるバイオ燃料の生産の拡大を通じ、資源の乏しい我が国においてエネルギーの供給源の多様化に寄与することにもなる。

加えて、バイオ燃料の原材料として廃棄物である農林漁業有機物資源の利用を促進することは、循環型社会の形成に資するとともに、バイオ燃料の生産の拡大を通じた温室効果ガスの排出抑制により、地球温暖化の防止に資することとなる。

第二　農林漁業有機物資源のバイオ燃料の原材料としての利用の促進の基本的な方向

1　基本的な方向

農林漁業有機物資源をバイオ燃料の原材料として利用する取組を促進するためには、バイオ燃料を、競合する化石資源由来の燃料と比較して競争可能な価格で安定的に供給できる体制を確立することが不可欠である。

しかしながら、我が国においては、原材料生産者である農林漁業者等とバイオ燃料製造業者との連携が図られていないこと、原材料の供給が不安定であること、原材料の生産から輸送、バイオ燃料の製造までの各行程のコストが高いこと、原材料の生産及びバイオ燃料の製造のそれぞれに係る研究開発が途上であることが課題となっている。

このような課題を解決し、バイオ燃料の生産拡大を推進するためには、農林漁業者等とバイオ燃料製造業者との間で安定的な取引関係を確立した上で、農林漁業有機物資源の生産からバイオ燃料の製造までの一連の行程の各段階でコスト削減等を図ることが必要であり、国及び地方公共団体の支援の下、地域の実情に応じてこれに取り組む必要がある。

また、我が国においてバイオ燃料の生産拡大を図るためには、農林漁業有機物資源の生産及びバイオ燃料の製造の高度化のための研究開発が必須である。このため、農林漁業有機物資源の効率的な収集、運搬や我が国の風土にあったバイオ燃料の原材料に適する新品種の育成、セルロース系等の農林漁業有機物資源を原材料としたバイオ燃料の製造方式等の研究開発について、国及び独立行政法人のみならず、公設試験研究機関、大学、民間事業者等の知見を生かし進めることが必要である。

一方、世界的なバイオ燃料向けの作物需要の増加は、新興国の経済発展による食料需要の増大や、地球規模の気候変動による作物への影響等の諸要因とあいまって、食料価格の高騰の一因になっている。食料自給率の低い我が国においてバイオ燃料向けの資源作物の生産を推進する際には、食料及び飼料の安定供給の確保に支障が生じることのないようバイオ燃料の生産拡大策を確立していくことが求められる。

このため、食料又は飼料向けの用途にも利用可能な農林漁業有機物資源をバイオ燃料の原材料として利用するに当たっては、副産物や規格外の農産物等のうち、品質や需給等の理由から食料又は飼料として不適当なものを利用するように努める等食料及び飼料の安定供給の確保に支障のないように最大限の配慮を払うこととする。

また、中長期的な方向性として、我が国に大量に賦存する稲わらや間伐材等のセルロース系の農林漁業有機物資源を利用する場合、農地の生産力の保全や潜在的な食料供給力の維持・向上の観点から耕作放棄地や休耕地を活用する場合、作付体系上資源作物の作付けが必要な場合において、食料及び飼料の安定供給の確保に支障を生じさせることのないよう配慮し、農林漁業有機物資源をバイオ燃料の原材料としての利用を促進することとする。

こうした、農林漁業有機物資源の利用促進に向け、セルロース系等の農林漁業有機物資源に係る新品種の研究開発やバイオ燃料の製造技術の開発等、農林漁業有機物資源の生産及びバイオ燃料の製造の高度化に資する研究開発を重点的に推進することが重要である。

2　特定バイオ燃料

特定バイオ燃料については、その地球温暖化の防止、循環型社会の形成等への貢献による付加価値を含め、代替する化石資源由来の燃料と比較して、競争可能なバイオ燃料を安定的に生産する体制の整備を図るとともに、特定バイオ燃料の種類ごとに次の取組を平成二十四年度までに行うこととする。

(1)　バイオエタノール及びバイオディーゼル燃料

[1]　バイオエタノール

バイオエタノール（農林漁業有機物資源のバイオ燃料の原材料としての利用の促進に関する法律施行令（平成二十年政令第二百九十六号。以下「令」という。）第二条第三号に掲げるエタノールをいう。以下同じ。）については、その製造効率の向上のための技術実証を行うとともに、セルロース系の原料を用いたバイオエタノールの効率的な製造技術の研究開発を進め、その技術の確立に向けた取組等を実施することにより、その生産の拡大を図る。

[2]　バイオディーゼル燃料

バイオディーゼル燃料（令第二条第四号に掲げる脂肪酸メチルエステルをいう。）については、農林漁業有機物資源の生産から燃料の製造までの一連の行程において、地域の関係者等が一体となった取組が重要であることにかんがみ、その連携の強化を図ることにより、バイオディーゼル燃料の生産の拡大を図る。

(2)　ガス

[1]　メタンガス

メタンガス（令第二条第六号に掲げるメタンをいう。）

については、自家消費による発電・熱利用により利用されているが、更なる品質の安定化や製造コストの削減により、その利用を促進するとともに、一般に流通させるための運搬技術に係る実証試験を行い、その技術の実用化に取り組む。

［2］　その他のガス

溶融ガス化や低温流動層ガス化等で得られるガス（令第二条第五号に掲げる水素、一酸化炭素及びメタンを主成分とするガスをいう。）については、その製造技術の高度化のための技術実証と普及を図る。

(3)　木炭及び木質固形燃料

［1］　木炭

業務用を中心に利用されている木炭（令第二条第一号に掲げる木炭（竹炭を含む。）をいう。）については、輸入品との代替を進めるため、効率的な製造装置の導入等による生産コストの削減、品質の向上及び安定供給体制の構築を図る。

［2］　木質固形燃料

木質固形燃料（令第二条第二号に掲げる木竹に由来する農林漁業有機物資源を破砕することにより均質にし、乾燥し、かつ、一定の形状に圧縮成形したものをいう。）については、原材料である林地残材や製材工場等残材等の有効活用に資するものであり、その更なる生産の拡大に向け、原材料の低コストで効率的な安定供給体制と木質固形燃料の効率的な製造体制の構築を図る。

3　特定バイオ燃料以外のバイオ燃料

特定バイオ燃料以外のバイオ燃料については、バイオ燃料の種類ごとの特性、技術水準等を勘案し、原材料生産の安定化、バイオ燃料の品質の安定化、製造コストの削減等に向けた研究開発とその成果の普及を進めることとする。また、これらの研究開発の成果の活用等により、相当程度の需要が見込まれるに至ったバイオ燃料については、その特定バイオ燃料の指定について検討を行うものとする。

4　関係者の役割

農林漁業有機物資源のバイオ燃料の原材料としての利用を促進するに当たっては、適切な役割分担の下でそれぞれの関係者が連携することが必要である。

(1)　農林漁業者等

農林漁業者等は、バイオ燃料製造業者との間で安定的な取引関係を確立した上で、バイオ燃料製造業者の需要に応じた農林漁業有機物資源の安定的な生産に努めるとともに、省力化のための機械導入や粗放的な生産方式等の導入等により、これらの生産コストの低減に努めるものとする。また、事業活動に伴い得られた副産物である農林漁業有機物資源については、バイオ燃料の原材料として利用し得るものについては、積極的かつ適正な利用を図るものとする。

(2)　バイオ燃料製造業者

バイオ燃料製造業者は、将来にわたってバイオ燃料製造事業が自立的・安定的に営まれることが可能となるよう、農林漁業者等との間で安定的な取引関係を確立し、効率的な製造方式の導入等により、バイオ燃料の製造コストの低減と品質の確保に努めるものとする。

また、食料及び飼料の安定供給の確保に支障を生じない低利用又は未利用の農林漁業有機物資源の原材料としての利用を進めるとともに、バイオ燃料の製造に伴い生じた副産物を肥料、飼料その他の物品として有効に利用し、又は適正に処理するものとする。

(3)　研究開発事業者

研究開発事業者は、農林漁業有機物資源の生産コストの低減、バイオ燃料の製造の高度化、食料及び飼料の安定供給の確保に支障を生じないバイオ燃料の生産拡大に資する研究開発等を重点的に実施するものとする。

(4)　国

国は、食料及び飼料の安定供給の確保に支障が生じることのないようバイオ燃料の生産拡大策を推進するとともに、国内外のバイオ燃料の生産動向や研究開発の状況等に関する情報の把握及びその提供、研究開発の推進及びその成果の普及に努め、その着実な実施を図るとともに、国民の関心及び理解の増進を図るために必要な広報活動を行うものとする。

また、認定生産製造連携事業計画又は認定研究開発事業計画に従って行われる生産製造連携事業又は研究開発事業に必要な資金の確保に努めるとともに、これら事業に必要な指導、助言等を行うものとする。

(5)　地方公共団体

地方公共団体は、農林漁業有機物資源のバイオ燃料の原材料としての利用を促進するため、農林漁業有機物資源の域内の生産、バイオ燃料の製造、バイオ燃料に関する研究開発状況等の実情を踏まえつつ、農林漁業者等及びバイオ燃料製造業者の連携の促進を図るものとし、生産製造連携事業計画又は研究開発事業計画の作成に必要な指導等や、国との必要な情報交換を行うものとする。

(6)　バイオ燃料販売業者及び消費者

農林漁業有機物資源のバイオ燃料の原材料としての利用を促進することは、国民生活の基幹を支える国内農林漁業の持続的な発展に寄与するのみならず、エネルギー供給源の多様化にも意義があることを踏まえ、バイオ燃料販売業者及び消費者はバイオ燃料及びその製造に伴い生じた副産物を積極的に利用することが望ましい。

第三　生産製造連携事業及び研究開発事業の実施に関する基本的な事項

1　生産製造連携事業

(1)　生産製造連携事業の基本的な考え方

バイオ燃料の製造に当たっては、安定した原材料の確保が必須であり、あらかじめ原材料の確保に目途が立たなければ事業を行うことができない。このような中、バイオ燃料製造業においては、不安定な原材料の調達リスクを負ってまで多額の設備投資を行い、事業を実施しようとする動機付けがなく、農林漁業者等においても、農林漁業有機物資源をバイオ燃料の原材料用として生産した場合、確実に引き取られる保証がないため、その取組が進まない状況となっている。

このため、農林漁業有機物資源を供給する農林漁業者等と、その供給を受けるバイオ燃料製造業者が共同して安定的な取引関係を確立することが重要であり、農林漁業者等はバイオ燃料製造業の需要に適確に対応した農林漁業有機物資源の生産を図るための措置を、バイオ燃料製造業者はバイオ燃料の効率的な製造を図るための措置を相互に連携し、共同で取り組むことが重要である。

「生産製造連携事業」は、このような連携の取組を支援するための事業であり、その実施に当たっては、総合的なコストの低減を図り、農林漁業有機物資源の生産及びバイオ燃料の製造を自立的かつ安定的に営むことを目指すものとする。

(2)　生産製造連携事業の内容に関する事項

[1]　生産製造連携事業の目標

農林漁業者等とバイオ燃料製造業者は、事業の実施によって達成すべき具体的な目標を設定した上で事業に取り組むものとする。

[2]　生産製造連携事業の内容

法第二条第三項に示すとおり、生産製造連携事業を実施する場合は、次のアからウまでの全ての事項について取り組むとともに、必要に応じてエの措置を実施するものとする。これらの事項については、計画に具体的な内容を記載するものとする。また、関係する事業者は、計画の作成に当たっては関係行政庁と十分連絡調整を行うとともに、生産製造連携事業計画の実施に当たって、関係法令を遵守して行うものとする。

ア　農林漁業有機物資源の安定的な取引関係の確立

ここで、安定的な取引関係の確立とは、農林漁業者等とバイオ燃料製造業者の間で、原材料となる農林漁業有機物資源の供給時期、量、品質等について、一定期間以上の出入荷、購入等に関する取決めを締結することをいう。

イ　需要に適確に対応した農林漁業有機物資源の生産を図るための措置

農林漁業有機物資源の生産については、供給時期、量、品質等についてバイオ燃料製造業者の需要に適確に対応することが必要である。このため、農林漁業者等は、高収量の作物等のバイオ燃料の原材料に適する新規作物の導入、バイオ燃料の原材料価格の低減に資する収穫機の導入、農林漁業有機物資源の生産に係る作業の省力化に資する方式の導入等に取り組むものとする。

ウ　特定バイオ燃料の効率的な製造を図るための措置

特定バイオ燃料の製造については、代替する化石資源由来の燃料と競争可能なバイオ燃料を製造するためにも、できる限り効率的な手法により行われることが必要である。このため、バイオ燃料製造業者は、効率的な特定バイオ燃料の製造施設の設置や特定バイオ燃料の製造コストの低減に資する製造方式の導入等に取り組むものとする。

また、バイオ燃料の製造に伴う副産物を肥料、飼料、その他の物品として有効に利用し、特定バイオ燃料の製造コストの低減を図るものとする。

エ　農林漁業有機物資源の効率的な運搬を図るための措置

農林漁業有機物資源の生産からバイオ燃料の製造までの一連の行程の総合的な改善のためには、アからウまでの措置と併せて農林漁業有機物資源の安定的、効率的な運搬を図る措置を行うことも有効である。

このため、農林漁業者等及びバイオ燃料製造業者は、必要に応じ、燃料製造の工程に即した原材料の搬入体系の確立や原材料生産地と近接した地域への製造工場や物流拠点の整備等に取り組むものとする。

(3)　生産製造連携事業計画の実施期間について

計画期間は、五年以内とし、事業の実施期間（開始日及び終了日）や計画の目標達成に向けた具体的な年次計画を記載するものとする。

(4)　農林漁業有機物資源が廃棄物である場合の適正な処理の確保に関する事項

廃棄物である農林漁業有機物資源をバイオ燃料の原材料とする場合は、それが不適正に扱われ、生活環境に影響を及ぼすことのないよう、その適正な処理を図ることとし、具体的な処理の内容及び処理施設の能力その他の必要な事項について計画に記載するものとする。

廃棄物である農林漁業有機物資源の処理方法が廃棄物の処理及び清掃に関する法律（昭和四十五年法律第百三十七号。以下「廃掃法」という。）に照らして不適切である場合又はそのおそれがある場合は、これを認定しない。

2　研究開発事業

(1)　研究開発事業の基本的な考え方

農林漁業有機物資源のバイオ燃料の原材料としての利用を促進するためには、バイオ燃料の原材料の生産、バイオ燃料の製造それぞれについて、研究開発を強力に進め、その成果を農林漁業有機物資源の生産及びバイオ燃料の製造の高度化に生かす必要がある。

「研究開発事業」は、このような研究開発を支援するために設けられた事業であり、その実施に当たっては、法及び本基本方針の方向性に合致した研究開発を行い、当該研究開発の成果を出し、その活用により農林漁業有機物資源のバイオ燃料の原材料としての利用の促進に資することを目指すものとする。

(2)　研究開発事業の内容に関する事項

[1]　研究開発事業の目標

研究開発事業者は、事業の実施によって達成すべき具体的な目標を設定した上で事業に取り組むものとする。

[2]　研究開発事業の内容

法第二条第四項に示すとおり、研究開発事業を実施する場合は、次のア又はイのいずれかの事項について取り組むものとし、これらの事項については、計画に具体的な内容を記載するものとする。また、同項において対象とする研究開発事業は、「農林漁業有機物資源のバイオ燃料の原材料としての利用の促進に特に資するもの」とされているため、研究開発は、その成果が農林漁業有機物資源の生産やバイオ燃料の製造の高度化に直接的に資することが見込まれるものであり、かつ、その高度化の程度が明確であるものでなければならない。同項各号中「高度化」とは、研究開発により得られる成果を活用した農林漁業有機物資源の生産やバイオ燃料の製造が既存の技術等を活用した場合と比較して、効率性やコスト面で一定程度の改善が図られることをいう。

また、研究開発事業者は、計画の作成に当たっては関係行政庁と十分連絡調整を行うとともに、研究開発事業の実施に当たっては、関係法令を遵守して行うものとする。

ア　農林漁業有機物資源の生産の高度化に資する研究開発

例えば、高収量の品種の選抜や新作物の開発、バイオ燃料加工適性に優れた品種の選抜や新品種の育成等の農林漁業有機物資源の生産コストの低減や品質の向上に資する研究開発や、汎用型収穫機や運搬に資する減容化機械の開発、地域に適した粗放的栽培等省力化栽培技術の確立等の農林漁業有機物資源の生産の効率化に資する研究開発が考えられる。

また、農林漁業有機物資源が廃棄物である場合は、悪臭や汚水等の生活環境保全上の支障が生じない方法による効率的な収集・運搬等の研究開発が考えられる。

イ　バイオ燃料の製造の高度化に資する研究開発

例えば、セルロース系の原材料を効率的に糖化する酵素の開発、従来よりも少量で発酵が可能な酵母の開発、製造したバイオガスを発電、熱利用する際に発生する排熱を燃料製造等の熱源として効率的に利用するコジェネレーションシステムの開発等のバイオ燃料の製造コストの低減に資する製造方式や製造施設の研究開発等が考えられる。

また、バイオ燃料の製造コスト低減のためには、バイオ燃料製造に伴う副産物を肥料、飼料、その他の物品として有効に利用することも重要であり、これらの利用技術開発等も考えられる。

［3］　研究開発事業計画の実施期間について

計画期間は、五年以内（新品種の育成を行う計画にあっては十年以内）とし、事業の実施期間（開始日及び終了日）や計画の目標達成に向けた具体的な年次計画を記載するものとする。

第四　農林漁業有機物資源のバイオ燃料の原材料としての利用の促進に関する重要事項

1　製造されたバイオ燃料の利用

生産製造連携事業の実施主体は、地域の実情やバイオ燃料の種類に応じて、バイオ燃料の需要者と連携し、生産されたバイオ燃料の利用の促進に努めるものとする。

2　バイオ燃料の製造に伴う副産物の有効利用

生産製造連携事業の実施主体は、その実施に当たって自然循環機能の発揮や廃棄物の減量を図りつつ、その経済性の向上を図るため、バイオ燃料の製造に伴う副産物を肥料、飼料その他の物品として有効に利用するよう努めるものとする。

3　地球温暖化防止対策との調和

バイオ燃料は二酸化炭素を新たに排出しないという性質上、その利用は地球温暖化の防止にも有益である。このため、農林漁業有機物資源のバイオ燃料の原材料としての利用を促進するに当たって、国は、地球温暖化対策の推進に関する法律（平成十年法律第百十七号）第八条に定める京都議定書目標達成計画と整合性をとりながら、農林漁業有機物資源のバイオ燃料の原材料としての利用を促進し、我が国におけるバイオ燃料の生産の拡大を図るものとする。

4　環境負荷の低減

バイオ燃料に係る環境負荷低減を図るためには、農林漁業有機物資源の生産及び運搬、バイオ燃料の製造並びにバイオ燃料製造過程において発生する廃棄物の処理に至るまでの全段階を総合的にとらえて行う環境への負荷の評価（ライフ・サイクル・アセスメント）の手法を確立することが必要である。このため、国は、その確立に向けた調査研究を進めることとし、農林漁業者等及びバイオ燃料製造業者は、ライフ・サイクル・アセスメントの考え方を十分に踏まえ、総合的な環境負荷の低減に努めるものとする。

第五　農林漁業有機物資源のバイオ燃料の原材料としての利用の促進に際し配慮すべき重要事項

1　食料及び飼料の安定供給の確保

バイオ燃料の生産拡大を推進していく際には、「第二　農林漁業有機物資源のバイオ燃料の原材料としての利用の促進の基本的な方向」で示した方向性に従い、食料及び飼料の安定供給の確保を図るものとする。また、国は食料及び飼料の需給動向について情報の把握及び分析に努め、これを適切に活用し、必要な措置をとるものとする。

2　農林漁業有機物資源が廃棄物である場合における適正な処理の確保

廃棄物である農林漁業有機物資源は、家畜排せつ物、木材の製造に伴う木くず等相当程度存在しており、これらをバイオ燃料の原材料として活用することが重要となっている。廃棄物である農林漁業有機物資源のバイオ燃料の原材料としての利用の促進に当たっては、不適正に扱われ、生活環境の保全に支障を及ぼすことのないよう、適正な処理体制の確保のための十分な措置が講じられる必要がある。このため、国は、農林漁業者等及びバイオ燃料製造業者に対して計画認定の際に、廃棄物の適正処理を確保する能力を有しているか確認するほか、国又は地方公共団体は、廃掃法に基づき、具体的な処理方法についても適宜指導監督を行い、廃棄物である農林漁業有機物資源の適正な処理の確保を図るものとする。

なお、生産製造連携事業及び研究開発事業において、農林漁業者等及びバイオ燃料製造業者が廃棄物等の処理を行う場合にあっては、廃掃法をはじめとする環境法令及びその他行政法規を遵守することとし、国及び地方公共団体は、当該事業に係る生産製造連携事業計画及び研究開発事業計画が循環型社会形成推進基本計画、廃掃法第五条の二第一項に定める基本的な方針、関係地方公共団体の一般廃棄物処理計画及び都道府県廃棄物処理計画と整合性がとれたものとなるように配慮するものとする。

3　地力増進対策との整合性の確保

有機物の土壌への施用により地力を増進していくことは、農業の生産性を高め、農業経営の安定を図る上で極めて重要であることにかんがみ、国及び地方公共団体は、稲わら等の農林漁業有機物資源をバイオ燃料の原材料としての利用を促進することが、地力の低下を引き起こすことのないよう適切な指導を行うものとする。

○農林漁業有機物資源のバイオ燃料の原材料としての利用の促進に関する法律案に対する附帯決議

〔平成二十年五月二十日(火)
(参)農林水産委員会〕

バイオマスの利活用は、温室効果ガスの排出を抑制し、地球温暖化を防止する上で有効なものと位置付けられている。また、資源小国である我が国にとって、化石資源への依存度を減らしエネルギー供給源の多様化を図るなど、エネルギー安全保障の観点から、バイオ燃料に対する期待が高まっている。

しかし、アジア諸国等における人口増加と経済発展等に伴う食料・飼料需要の増大、バイオ燃料の原材料としての穀物需要の増大、地球温暖化による気候変動の影響等により、世界的に食料需給がひっ迫し、食料価格が高騰する中で、バイオ燃料の原材料として穀物を利用する場合には、バイオ燃料と食料・飼料との間に競合が生じ、我が国をはじめ食料・飼料の多くを輸入に依存せざるを得ない国々は、その影響を直接被るおそれがある。

よって政府は、本法の施行に当たり、食料・飼料の安定供給の確保及びバイオ燃料の生産拡大が適切に図られるよう、次の事項の実現に万全を期すべきである。

一　穀物を原材料とするバイオ燃料の生産については、食料不足や飼料価格上昇等の弊害が指摘されていることにかんがみ、食料・飼料生産とバイオ燃料生産の適切なバランスに配慮したバイオ燃料生産の取組が各国でなされるよう、我が国としても国際会議等を通じて積極的な働きかけを行うこと。

二　稲わら及び間伐材等、食料供給と競合しないセルロース系の原材料からバイオエタノールを低コストで製造する技術開発について、各省庁間の連携を強め政府一体となって重点的に進めるとともに、その迅速化を図ること。

三　諸外国で生産されたバイオ燃料について、穀物の国際価格の上昇を促すとともに、バイオ燃料の原材料となる穀物を作付けるために熱帯雨林等の大量破壊を招くおそれがあるものについての輸入は極力避け、国産バイオ燃料の生産を大幅に拡大するよう施策を進めること。

四　農林水産業から生じる残さ等は産業廃棄物に分類されるものもあるが、これらの適正処理を図りつつバイオ燃料としての利活用を促進するための施策を進めること。

右決議する。

Q1 農林漁業バイオ燃料法が制定された背景について教えてください。

A

我が国の農林漁業・農山漁村の現状については、人口が減少局面に入り、農林水産物の国内市場規模の縮小が懸念されている中で、農林漁業の活力が低下するなど、非常に厳しい状況となっています。

一方、アメリカ、ブラジル、EU等の諸外国においては、近年の原油価格の変動、国内農林漁業の育成、地球温暖化の防止といった内外の諸問題に対応する観点から、バイオ燃料の生産拡大のための各種措置を講じています。

このような中、我が国においても「バイオマス・ニッポン総合戦略」（平成一四年一二月閣議決定、平成一八年三月改定）を策定し、バイオマスを総合的に最大限活用することとしており、その中でバイオ燃料については、他のバイオマス製品とは異なり、潜在的なニーズが極めて大きいことから、「計画的に利用に必要な環境の整備を行っていく」とされたところです。

さらに、バイオ燃料については、平成一九年二月に、農林水産省など関係七府省が「国産バイオ燃料の大幅な生産拡大に向けた工程表」を作成し、平成二三年に国産バイオ燃料を五万キロリットル生産する目標を立てました。

しかし、我が国においては、原材料生産者である農林漁業者等とバイオ燃料製造業者との連携がとれておらず、原材料の供給が不安定であること、原材料の生産から運搬、バイオ燃料の製造までの各行程のコストが高いこと、原材料の生産及びバイオ燃料の製造のそれぞれに係る研究開発が途上であることが課題となっているため、バイオ燃料の製造は極めて小規模にとどまっています。

このため、法律、税制、予算などのあらゆる手段をもって課題を解決し、バイオ燃料の生産拡大を図る必要があります。

このような中で、農林漁業有機物資源をバイオ燃料の原材料として、その利用を促進するに当たっての基本的な方向性を国が示すとともに、基本的な方向性に沿った取組に対して支援を行うため、平成二〇年五月二八日に第一六九回国会において本法が成立し、同年一〇月一日に施行されました。

Q2 農林漁業バイオ燃料法の目的は何ですか。

A

一　本法の目的は「農林漁業有機物資源の新たな需要の開拓及びその有効な利用の確保並びにバイオ燃料の生産の拡大を図り、もって農林漁業の持続的かつ健全な発展及びエネルギーの供給源の多様化に寄与すること」です。

本法の活用によって、原材料生産者である農林漁業者等とバイオ燃料製造業者との連携、原材料の生産及びバイオ燃料の製造に係る研究開発が促進されることにより、農林水産物（資源作物）の新たな需要の開拓や農林漁業から生じる未利用及び稲わらや間伐材等の利用の程度の低い副産物の有効利用が図られ、農林漁業の新たな需要が創出されるものと考えています。また、バイオ燃料の生産の拡大は、エネルギーの供給源の多様化にも寄与するものです。

二　さらには、農地を農地として最大限活用するとともに、耕作放棄地などにバイオ燃料向けの資源作物等を作付けするなどにより、不測の事態が生じた時は食料・飼料の供給基地としてこれらの農地を活用することにより、食料供給の安定にも大きく寄与するものと考えています。

Q3 農林漁業バイオ燃料法の概要について教えてください。

A

本法の主な概要は次のとおりです。

(1)　主務大臣（農林水産大臣、経済産業大臣、環境大臣）は、食料及び飼料の安定供給の確保等に配慮しつつ、農林漁業有機物資源のバイオ燃料の原材料としての利用の促進の意義及び基本的な方向等についての基本方針を定めます。

(2)　農林漁業者等は、バイオ燃料製造業者と共同して、原材料の生産から特定バイオ燃料の製造までの一連の行程の総合的な改善を図る事業に関する計画（生産製造連携事業計画）を作成し、主務大臣の認定を受けることができます。

(3)　農林漁業有機物資源の生産やバイオ燃料の製造の高度化に資する研究開発事業を行おうとする者は、当該研究開発事業に関する計画（研究開発事業計画）を作成し、主務大臣の認定を受けることができます。

(4)　主務大臣の認定を受けた計画に基づく取組を推進するため、認定を受けた者に対して、農業改良資金助成法（昭和三一年法律第一〇二号)、中小企業投資育成株式会社法(昭和三八年法律第一〇一号)、産業廃棄物の処理に係る特定施設の整備の促進に関する法律(平成四年法律第六二号)、種苗法(平成一〇年法律第八三号)等の特例措置を講じます。

Q4 「農林漁業有機物資源」とは何ですか。

A

「農林漁業有機物資源」とは、本法において「農林水産物及びその生産又は加工に伴い副次的に得られた物品のうち、動植物に由来する有機物であって、エネルギー源として利用することができるもの」と定義されています。すなわち、農林漁業に由来するバイオマス(動植物に由来する有機物である資源)のことです。

(1) 具体的には、以下のものが該当します。

① 穀類等(米、麦等)、芋類(ばれいしょ、かんしょ)、油糧作物(菜種、ひまわり等)、甘味資源作物(さとうきび、てん菜等)、木材、魚類、稲わら等

② 家畜排せつ物、林地残材、使用済み菌床培地等

③ 加工残さ(廃糖みつ、製材工場残材、魚のはらわた等)等

(2) 一方、以下のものは、農林漁業有機物資源には該当しません。

① 農林水産物の生産又は加工の際に不要となって生じるビニールハウスの廃ビニール、廃プラスチック等の動植物に由来しないもの

② 貝殻、動物の骨等のバイオ燃料の原材料として利用できない無機物を主成分とするもの
③ クラゲ等の水分含有量が多くバイオ燃料の原材料としては不適切であるもの

Q5 「バイオ燃料」とは何ですか。

A

「バイオ燃料」とは、一般的にバイオマス（動植物に由来する有機物である資源）を原材料として製造される燃料ですが、本法においては「農林漁業有機物資源を原材料として製造される燃料」と定義されています。

具体的には、

(1) 木炭、木質ペレットなどの固形燃料
(2) 発酵により得られるエタノール、発酵や熱分解により得られるメタノール、植物油から製造される脂肪酸メチルエステル（バイオディーゼル燃料）、炭化水素油等の液体燃料
(3) 発酵により得られるメタン、熱分解により得られるメタン、水素、一酸化炭素等の気体燃料

に分けることができます。

なお、薪、木材チップなどの単なる乾燥、切断、破砕及び粉砕といった簡易な方法のみにより製造される燃料については、その製造方法などに改善の余地が少ないことから、本法による支援の対象外とされています。

Q6 「特定バイオ燃料」とは何ですか。

A

「特定バイオ燃料」とは、本法の生産製造連携事業による支援の対象となるバイオ燃料のことです。バイオ燃料の中でも、相当程度の需要が見込まれるものとして政令で定められています。この、特定バイオ燃料については、

(1) ガソリン、軽油等、現在大量に消費されている燃料の代替燃料となり得るもので、製造コストの低減等により、ガソリン、軽油等との代替が進むことにより、今後消費が拡大することが期待できること

(2) 従来より日常的に利用されており、安定した需要があるもので、製造コストの削減等により輸入品と代替することで消費拡大が期待できること

などが必要なことから、相当程度の需要が見込まれるものとされています。具体的には以下の六種類が定められています。

① 木炭（竹炭を含む。）
② 木竹に由来する農林漁業有機物資源を破砕することにより均質にし、乾燥し、かつ、一定の形状に圧縮成形したもの（いわゆる「木質固形燃料」）
③ エタノール（いわゆる「バイオエタノール」）
④ 脂肪酸メチルエステル（植物油を原料とするいわゆる「バイオディーゼル燃料」）
⑤ 水素、一酸化炭素及びメタンを主成分とするガス（木材などを高温高圧で気化させて得られるガス。いわゆる「木質バイオマスガス」）

⑥　メタン（家畜排せつ物などをメタン発酵させて得られるメタンガス。いわゆる「バイオガス」）

なお、特定バイオ燃料以外のバイオ燃料（例えば、炭化水素油、エタノール以外のアルコール類、木竹に由来しない固形燃料等）については、研究開発事業の対象に含まれます。

Q7　基本方針について教えてください。

A

農林漁業有機物資源のバイオ燃料の原材料としての利用を促進するためには、農林漁業者等及びバイオ燃料製造業者はもちろんのこと、その他の事業者、消費者や、国及び地方公共団体等の行政機関が、適切な役割分担の下で連携していくことが必要です。

このため、本法においては、これらの関係者が農林漁業有機物資源のバイオ燃料の原材料としての利用を促進するための基本方向を示すものとして基本方針を定めることとしています。

平成二〇年一〇月二日に公表された基本方針（農林水産省・経済産業省・環境省告示第三号）には、

①　農林漁業有機物資源のバイオ燃料の原材料としての利用の促進の意義及び基本的な方向
②　生産製造連携事業及び研究開発事業の実施に関する基本的な事項
③　農林漁業有機物資源のバイオ燃料の原材料としての利用の促進に関する重要事項
④　農林漁業有機物資源のバイオ燃料の原材料としての利用の促進に際し配慮すべき重要事項

等が定められています。

なお、基本方針に定められた事項については、主務大臣が生産製造連携事業計画及び研究開発事業計画を認定する際の基準となるものです。

この基本方針は、経済事情の変動等により必要が生じたときは変更するものとされていますが、おおむね五年ごとに主務大臣が定めるものとしています。

Q8 生産製造連携事業計画の認定制度の目的及び概要について教えてください。

A

「生産製造連携事業」とは、農林漁業者等が、バイオ燃料製造業者と共同して、農林漁業有機物資源の生産から特定バイオ燃料の製造までの一連の行程の総合的な改善を図る事業であり、農林漁業有機物資源の安定的な取引関係の確立、バイオ燃料製造業者の需要に適確に対応した農林漁業有機物資源の生産及び特定バイオ燃料の効率的な製造を図ることを目的としています。

事業においては次の(1)から(3)のすべてを実施することとしています。

(1) 「農林漁業有機物資源の安定的な取引関係の確立」

これは、農林漁業者等とバイオ燃料製造業者の間で、原材料となる農林漁業有機物資源の供給時期、量、品質等について、一定期間以上の出入荷、購入等に関する事項を盛り込んだ「取決め」を締結することをいいます。

「取決め」については、当事者間における円滑な取引関係の維持及び生産製造連携事業計画の認定に係る審査の適正化のため、その内容を生産製造連携事業計画に記載することのほか、契約書、覚書等の別書面により作成することとします。

「供給時期、量、品質等」について、そのすべてがあらかじめ取り決められている必要はありません。契約書、覚書等において、例えば、当事者間の取引の実態に応じて、農林漁業有機物資源の種類、量及び供給時期のみを具体的に定め、取引価格、品質等については、別途、当事者間の協議に基づき決定することとしても差し支えありません。

(2)「バイオ燃料製造業者の需要に適確に対応した農林漁業有機物資源の生産を図るための措置」

これは、農林漁業者等が、高収量の作物等のバイオ燃料の原材料に適する新規作物の導入、バイオ燃料の原材料価格の低減に資する収穫機の導入、農林漁業有機物資源の生産に係る作業の省力化に資する方式の導入等に取り組むことをいいます。

(3)「特定バイオ燃料の効率的な製造を図るための措置」

これは、バイオ燃料製造業者が効率的な特定バイオ燃料の製造施設の設置や特定バイオ燃料の製造コストの低減に資する製造方式の導入、バイオ燃料の製造に伴う副産物を肥料、飼料、その他の物品として有効に利用し、特定バイオ燃料の製造コストの低減等を図ることをいいます。

(4)「農林漁業有機物資源の効率的な運搬を図るための措置」

これは、農林漁業者等又はバイオ燃料製造業者が必要に応じて、(1)から(3)までの措置と併せて、必要に応じて燃料製造の工程に即した原材料の搬入体系の確立や原材料生産地と近接した地域への製造工場や物流拠点の整備等に取り組むことをいいます。

Q9 生産製造連携事業計画の作成主体は誰ですか。

A

生産製造連携事業では、農林漁業有機物資源の生産者とバイオ燃料の製造業者が連携して事業に取り組むことが必要であることから、次の者を計画の作成主体としています。

(1) 農林漁業有機物資源の生産者

① 農林漁業者等（農林漁業者及び木材製造業者）

「農林漁業者等」とは、農林漁業又は木材製造業を営む者をいいます。この「営む者」とは、事業活動により収益を得ることを目的とする者をいい、農林漁業者等には、地方公共団体、造林公社等の一般社団法人、特定非営利活動法人（NPO）等を含み得ます。

また、林業においては、木材に加工されて初めて商品として流通するという実態があり、木材製造業者は林業者と一体的であると考えられることから、木材製造業者についても計画作成主体とされています。

なお、計画作成者には、

(i) 農林漁業若しくは木材生業を営もうとする者

(ii) 農林漁業又は木材製造業者を営む法人を設立しようとする者

を含みます。

② 農業協同組合等

農林漁業者等を構成員とする農業協同組合等の法人については、農林漁業有機物資源を生産する組合員のために計画を作成する場合があるため、農業協同組合等も作成主体としています。具体的な農業協同組合等の範囲については、Q10を参照してください。

(2) バイオ燃料の製造業者

① バイオ燃料製造業者

「バイオ燃料製造業者」とは、特定バイオ燃料の製造の事業を営む者をいいます。この「営む者」とは、事業活動により収益を得ることを目的とする者をいい、バイオ燃料製造業者には、地方公共団体、一般社団法人、特定非営利活動法人（NPO）を含み得ます。

なお、計画作成者には、

(i) 特定バイオ燃料の製造の事業を営もうとする者

(ii) 特定バイオ燃料の製造を営む法人を設立しようとする者

を含みます。

② 事業協同組合等

バイオ燃料製造業者のうち木炭製造業者などの零細な経営体を構成員としている事業協同組合等の法人については、組合員のために計画を作成する場合があるため、事業協同組合等も作成主体としています。具体的な事業協同組合等の範囲については、Q11を参照してください。

Q10 生産製造連携事業計画の作成主体となる農林漁業者等を構成員とする農業協同組合その他の政令で定める法人の範囲について教えてください。

A

農林漁業者等を構成員とする農業協同組合等の法人については、農林漁業有機物資源を生産する構成員のために計画を作成する場合があるため、生産製造連携事業計画の作成主体としています。

農業協同組合その他の政令で定める法人の範囲は以下のとおりです。

① 農業協同組合、農業協同組合連合会及び農事組合法人
② 漁業協同組合及び漁業協同組合連合会
③ 森林組合及び森林組合連合会
④ 事業協同組合、事業協同小組合及び協同組合連合会
⑤ 協業組合、商工組合及び商工組合連合会
⑥ 一般社団法人

農業協同組合等が当該計画の認定を受けた場合は、その構成員である組合員のうち、計画上位置づけられたものについても法律の効果が及びます。

なお、生産製造連携事業の円滑な実施のために、農業協同組合等が複数の農林漁業者等を取りまとめて計画を作成することが適当と考えられる場合は、農業協同組合等を計画作成主体（申請者）とすることが望ましいと考えています。

Q11 生産製造連携事業計画の作成主体となるバイオ燃料製造業者を構成員とする事業協同組合その他の政令で定める法人の範囲について教えてください。

A

バイオ燃料製造業者を構成員とする事業協同組合等の法人については、バイオ燃料を製造する構成員のために計画を作成する場合があるため、生産製造連携事業計画の作成主体としています。

事業協同組合その他の政令で定める法人の範囲は以下のとおりです。

① 事業協同組合、事業協同小組合及び協同組合連合会
② 協業組合、商工組合及び商工組合連合会
③ 農業協同組合連合会
④ 漁業協同組合連合会、水産加工業協同組合及び水産加工業協同組合連合会
⑤ 森林組合及び森林組合連合会
⑥ 一般社団法人

事業協同組合等が当該計画の認定を受けた場合は、その構成員である組合員のうち、計画上位置づけられたものについても法律の効果が及びます。

なお、生産製造連携事業の円滑な実施のために、事業協同組合等が複数のバイオ燃料製造業者をとりまとめて計画を作成することが適当と考えられる場合は、事業協同組合等を計画の作成主体（申請者）とすることが望ましいと考えています。

Q 12 農林漁業者等側のみ又はバイオ燃料製造業者側のみの取組については生産製造連携事業の対象となるのでしょうか。また、農林漁業有機物資源の生産から特定バイオ燃料の製造までを同一の者が行う取組については生産製造連携事業の対象となるのでしょうか。

A

農林漁業者等側のみ又はバイオ燃料製造業者側のみの取組や、農林漁業有機物資源の生産から特定バイオ燃料の製造までを同一の者が行う取組については、農林漁業者等とバイオ燃料製造業者が共同して「安定的な取引関係の確立」等を実施して農林漁業有機物資源の生産から特定バイオ燃料の製造までの一連の行程の総合的な改善を図るという生産製造連携事業の目的に合致しないことから、生産製造連携事業の対象とはなりません。

ただし、農業協同組合が農林漁業有機物資源を生産する構成員のために計画を作成する、一方、当該農業協同組合がバイオ燃料製業者でもある場合等において、当該農業協同組合が農業協同組合等及びバイオ燃料製造業者の両方の立場として申請者となることは差し支えありません。

（参考）

通常、以下のような場合は、農林漁業者側の取組がないため、生産製造連携事業の対象とはなりません。

(1) スーパーマーケットやコンビニエンスストアから排出される食品残さを別企業が回収して企業がバイオエタノールを製造する場合

(2) 企業が一般家庭や食品加工業者から廃食油を回収してＢＤＦを製造する場合

(3) 企業が自社工場の食品残さを使ってバイオガスを製造する場合

Q13 農林漁業有機物資源を第三者を介してバイオ燃料製造業者に引き渡す場合でも「安定的な取引関係」に当たりますか。

A 農林漁業有機物資源が農林漁業者等から第三者を介してバイオ燃料製造業者に引き渡される取組が多いことから、このような取組を支援することは本法の目的の達成に資することとなります。

このため、農林漁業者等とバイオ燃料製造業者の間における農林漁業有機物資源の流れに係る引渡し関係が明確である場合は「安定的な取引関係」が認められることとし、農林漁業者等がバイオ燃料製造業者に農林漁業有機物資源を直接的に引き渡す場合のほか、生産製造連携事業計画に協力する第三者を介した間接的な引渡しであっても生産製造連携事業の対象となります。

このような観点から、以下のような場合も生産製造連携事業の対象となります。

① 農業者が生産した菜種から食用油を精製し、これを一般家庭で調理用に用いた後の廃食油を農業者から委託を受けた第三者が回収し、バイオディーゼル燃料の製造業者に引き渡す場合（いわゆる「菜の花プロジェクト」）

② 農業者が生産した米について、農業者から委託を受けた中間業者を介して、食用としての品質規格に合格した米は卸売り業者（精米メーカー）に、非食用部分や規格外米はバイオ燃料製造業者に引き渡す取決めを結んだ場合

Q14 生産製造連携事業計画の認定要件は何ですか。

A 生産製造連携事業計画の認定要件は以下のとおりです。

① 「生産製造連携事業の目標」、「生産製造連携事業の内容及び実施期間」及び「農林漁業有機物資源が廃棄物である場合にあっては、その適正な処理の確保に関する事項」の内容が基本方針に照らして適切なものであること。

② 「生産製造連携事業の内容及び実施期間」、「農林漁業有機物資源が廃棄物である場合にあってはその適正な処理の確保に関する事項」及び「生産製造連携事業を実施するために必要な資金の額及びその調達方法」の内容が生産製造連携事業を確実に遂行するため適切なものであること。

③ 特に、食料又は飼料としても利用可能な農林漁業有機物資源を原材料とする生産製造連携事業を行う場合は、基本方針に定められている「食料及び飼料の安定供給の確保に支障がないように最大限の配慮」を払っていることが重要です。この要件を満たすためには、当該農林漁業有機物資源をバイオ燃料の原材料として利用する旨の合意が地域関係者の間において得られていること等が必要であると考えられます。

Q15 計画が認定された場合、その旨は通知されますか。

A 生産製造連携事業計画の認定の申請を行った者に対しては、認定又は不認定にかかわらず、その旨を通知することとしています。

Q16 生産製造連携事業計画の認定の申請先はどこになるのでしょうか。

A 生産製造連携事業計画の認定については、農林水産大臣、経済産業大臣に加え、廃棄物の処理に該当する措置を含む生産製造連携事業については環境大臣が共同してこれを行うこととしているため、申請は各大臣あてに行う必要があります。提出すべき申請書等の部数は、正本を主務大臣数＋一部及び副本を主務大臣数となっています。具体的な申請窓口は次のとおりで、いずれか一箇所にまとめてご提出ください。

・農林水産省大臣官房環境バイオマス政策課

〒一〇〇－八九五〇　東京都千代田区霞が関一－二－一

・資源エネルギー庁省エネルギー・新エネルギー部新エネルギー対策課
〒一〇〇－八九三一　東京都千代田区霞が関一－三－一
・環境省大臣官房廃棄物・リサイクル対策部産業廃棄物課
〒一〇〇－八九七五　東京都千代田区霞が関一－二－二
〔※　平成二一年二月一日現在、地方農政局、地方経済産業局及び地方環境事務所は申請書の受付窓口ではありません。〕

Q17 生産製造連携事業計画の認定の申請に必要な書類を教えてください。

A

認定の申請に必要な書類については、農林漁業有機物資源のバイオ燃料の原材料としての利用の促進に関する法律施行規則（平成二〇年農林水産省・経済産業省・環境省令第一号。以下「施行規則」といいます。）において定められており、具体的には、次の①の申請書に②から⑦まで書類を添付して提出することとされています。

① 別記様式第1号（別紙1、別紙2及び別紙3）
② 申請者が法人である場合には、定款又はこれに代わる書面
③ 申請者が個人である場合には、住民票の写し（外国人にあっては、外国人登録証明書の写し）
④ 申請者の最近二期間の事業報告書、貸借対照表及び損益計算書（これらの書類がない場合にあっては、最近一年間の事業内容の概要を記載した書類）

最近一年間の事業内容の概要を記載した書類とは、例えば、確定申告書が該当します。

⑤　特定バイオ燃料を製造する施設の規模及び構造を明らかにした図面

⑥　農林漁業有機物資源が廃棄物である場合、当該農林漁業有機物資源を処理するに当たって、一般廃棄物処理業の許可、一般廃棄物処理施設の許可、産業廃棄物処理業の許可、産業廃棄物処理施設の許可を要するときは、当該許可を得ていること又は得る見込みがあることを証する書類

「(許可を)得る見込みがあることを証する書類」とは、廃棄物処理業の許可申請に関する講習修了証等

⑦　その他、生産製造連携事業計画を説明するに当たり必要な書類

例えば、

・　Q8の⑴の「農林漁業有機物資源の安定的な取引関係の確立」のために締結した「取決め(契約書、覚書等)」の写し

・　Q14の⑶の「食料及び飼料の安定供給の確保に支障がないように最大限の配慮」が払われていることを証する書面として、地域の関係者の間において、食料又は飼料としても利用可能な農林漁業有機物資源をバイオ燃料の原材料として利用する旨の合意を得たことを証する書面

等が考えられます。

Q18 認定生産製造連携事業計画の変更の認定の申請に必要な書類について教えてください。

A

変更の認定の申請に必要な書類については、施行規則に定められており、具体的には、次の①の申請書に②及び③の書類を添付して提出することとされています。

① 別記様式第2号

② 当該生産製造連携事業計画に従って行われる生産製造連携事業の実施状況を記載した書類

③ Q17の②から⑦に掲げる書類

なお、既に主務大臣に提出されている当該書類の内容に変更がないときは、①の申請書にその旨を記載して、当該書類の添付を省略することができます。

Q19 生産製造連携事業計画の認定後に、バイオ燃料の原材料の需給状況に変化が生じた場合はどうなりますか。

A

生産製造連携事業計画の認定後、当該原材料の食料又は飼料の用途に係る需給状況に変化が生じた場合、地域の需要者から食料又は飼料用として融通して欲しい等の要望がなされることが想定されます。この場合、当該原材料が農林漁業者等とバイオ燃料製造業者との「取決め」に基づき安定的に生産・供給されるべきものであること及び食料又は飼料の安定供給の重要性の双方に留意し、まずは関係当事者間で解決を図り計画の変更を受けるべきものと考えています。

ただし、認定後の状況の変化によって、計画の内容が、食料及び飼料の安定供給の確保に支障のないように配慮を払われていないことになった等、計画の認定要件を満たさなくなったと判断された場合は、計画の変更等の指導を行い、場合によっては計画の認定が取り消されることになります。

Q20 認定された生産製造連携事業計画の変更について教えてください。

A

認定を受けた生産製造連携事業計画について、その計画内容を変更しようとする場合は（計画に基づく生産製造連携事業の廃止を含みます。）、計画の変更の認定を受けることが必要です。

この場合、主務大臣は、変更の申請がなされた計画の内容について、再度、認定要件に照らして審査を行い、これが認定要件に適合している場合には、計画の変更の認定を行うこととしています。

なお、変更後の認定生産製造連携事業計画に係る生産製造連携事業の実施期間は、変更前の認定生産製造連携事業計画に係る生産製造連携事業の実施期間を含め、五年以内でなければなりません。

Q21 認定生産製造連携事業計画はどのような場合に取り消されますか。

A

(1)　主務大臣は、認定事業者が認定生産製造連携事業計画に基づく生産製造連携事業の実施に遅滞があると認めるときは、円滑な実施が図られるよう指導するほか、必要に応じ、認定生産製造連携事業計画の変更を指導するものとされています。

主務大臣は、認定事業者が認定生産製造連携事業計画に従って生産製造連携事業を行っていないと認めるときは、当該認定生産製造連携事業計画を取り消すことができることとしています。

(2)　なお、主務大臣が、認定事業者が認定生産製造連携事業計画に従って生産製造連携事業を行っていないと認めるときとは、当該認定生産製造連携事業計画に基づく当該生産製造連携事業の円滑な実施に著しい支障を生じており、その結果、Q14の生産製造連携事業計画の認定要件に該当しなくなると認められる場合をいいます。

Q22 天候等の影響により、農林漁業有機物資源の生産計画が達成されない場合には認定の取消事由となるのでしょうか。

A 農林漁業有機物資源の生産については、天候等の影響により、計画どおりの生産ができないことが想定されます。

このような場合は、農林漁業者等にとっては不可抗力な事由であるため、認定の取消事由とはなりません。

一方で、十分に農林漁業有機物資源を供給することができるにも関わらず、他用途への流用を行う等によってバイオ燃料製造業者への供給計画を果たさない場合には、取消事由となります。

Q23 生産製造連携事業計画の認定を受けると、事業の実施に必要な他法令の許認可等が不要となったり、基準が緩和されるのでしょうか。

A ご質問にあるような特別な取扱いは行われません。

生産製造連携事業計画の認定を受けようとする者は、認定の申請に当たって、あらかじめ関係する行政機関等との十分な連絡調整を行い、生産製造連携事業の実施に当たって遺漏のないよう努めるとともに、関係法令を遵守して行う必要があります。

本法に基づく生産製造連携事業計画の認定は、本法に基づく法律上の効果を有するに過ぎないため、認定生産製造連携事業計画を実施する際には必要に応じて関係法令に基づく許認可等が必要となることは言うまでもなく、許認可等の権限を有する行政機関等はそれぞれ個別法に則して許認可等を審査するものであることに十分留意してください。

特に、生産製造連携事業を実施するに当たって、

・バイオ燃料の製造を行う場合における廃棄物の処理及び清掃に関する法律（昭和四五年法律第一三七号）に基づく廃棄物処理業及び廃棄物処理施設の許可

・九〇度以上のエタノールの製造又は使用を行う場合におけるアルコール事業法（平成一二年法律第三六号）に基づくアルコール製造の許可又は使用の許可

・農業振興地域の整備に関する法律（昭和四四年法律第五八号）第八条第二項第一号に規定する農用地区域の土地に施設の整備等を行う場合における同法で定める開発許可・市町村農業振興地域整備計画の変更に係る同意

・農地法（昭和二七年法律第二二九号）第二条に規定する農地又は採草放牧地に施設の整備等を行う場合における同法に基づく農地転用の許可

・消防法（昭和二三年法律第一八六号）上の危険物を取り扱う場合における同法の許可

等の許認可等を要するものについては、認定後に生産製造連携事業が円滑に実施されるよう、あらかじめ生産製造連携事業計画の作成の際に関係行政機関等との十分な連絡調整を行ってください。

Q24 特定バイオ燃料を燃料以外の用途に利用しても良いのでしょうか。

A 生産製造連携事業は、特定バイオ燃料の製造を行うことをその事業の内容としています。このため、生産製造連携事業において製造された特定バイオ燃料を燃料以外の用途として利用することは適切ではありません。特に九〇度以上のエタノールは、アルコール事業法による規制の対象であり、経済産業大臣から許可を受けた用途以外への流用は認められていないことに十分留意してください。

Q25 製造した特定バイオ燃料を自家利用しても良いのでしょうか。

A 生産製造連携事業において、バイオ燃料製造業者が製造したバイオ燃料を自家用として利用することは差し支えません。ただし、九〇度以上のエタノールを使用する場合は、アルコール事業法の許可が必要になります（Q24参照）。

Q26 研究開発事業計画の認定制度の目的及び概要について教えてください。

A

「研究開発事業」とは、「農林漁業有機物資源の生産の高度化に資する研究開発」又は「バイオ燃料の製造の高度化に資する研究開発」を行う事業であり、農林漁業有機物資源のバイオ燃料の原材料としての利用の促進に特に資するものとしています。

「農林漁業有機物資源のバイオ燃料の原材料としての利用の促進に特に資する」とは、研究開発により得られる成果が農林漁業有機物資源の生産又はバイオ燃料の製造の高度化に直接的に資することが見込まれること及びその高度化の程度が明確であることをいいます。

また、「高度化」とは、研究開発により得られる成果を活用した農林漁業有機物資源の生産やバイオ燃料の製造が既存の技術等を活用した場合と比較して、効率性やコスト面で一定程度の改善が図られることをいいます。研究開発の具体的な事例としては、

(1) 農林漁業有機物質の生産の高度化に資する研究開発

高収量の品種の選抜や新作物の開発、バイオ燃料加工適性に優れた品種の選抜や新品種の育成等の農林漁業有機物資源の生産コストの低減や品質の向上に資する研究開発や、汎用型収穫機や運搬に資する減容化機械の開発、地域に適した粗放的栽培等省力化栽培技術の確立等の農林漁業有機物資源の生産の効率化に資する研究開発等

また、農林漁業有機物資源が廃棄物である場合は、悪臭や汚水等の生活環境保全上の支障が生じない方法による効率的な収集・運搬等の研究開発が考えられます。

(2) バイオ燃料の製造の高度化に資する研究開発

セルロース系の原材料を効率的に糖化する酵素の開発、従来よりも少量で発酵が可能な酵母の開発、製造したバイオガスを発電、熱利用する際に発生する際に発生する排熱を燃料製造等の熱源として効率的に利用するコジェネレーションシステムの開発等のバイオ燃料の製造コストの低減に資する製造方式や製造施設の研究開発等

また、バイオ燃料の製造コスト低減のためには、バイオ燃料の製造に伴い生じる副産物を肥料、飼料その他の物品として有効に利用することも重要であり、これらの利用技術に関する研究開発も考えられます。

Q27 研究開発事業計画の作成主体は誰ですか。

A

農林漁業有機物資源の生産又はバイオ燃料の製造の高度化に関する研究開発は、独立行政法人、大学、地方公共団体の公設試験研究機関、民間研究機関等の様々な者により実施されており、そのさらなる推進のためには、こうした多様な主体がそれぞれ有しているノウハウやアイデアを活用しながら、独創的な取組を自律的に実施できるよう支援措置を講じることが必要です。

このため、本法においては、幅広い主体の参加を促すため、研究開発事業計画を作成することができる者は、「研究開発事業を実施しようとする者」と規定して、個人又は法人の別、業種及び規模、形態等について特段の制限を設けないこととしています。

Q28 研究開発事業についても、農林漁業者等との連携は必要でしょうか。

A 研究開発事業については農林漁業者等との連携の必要はありません。

Q29 研究開発事業計画の認定要件は何ですか。

A 研究開発事業計画の認定要件は次のとおりです。

(1) 「研究開発事業の目標」及び「研究開発事業の内容及び実施期間」の内容が基本方針に照らして適切なものであること。

(2) 「研究開発事業の内容及び実施期間」及び「研究開発事業を実施するために必要な資金の額及びその調達方法」の内容が研究開発事業を確実に遂行するため適切なものであること。

Q30 認定された後は通知されますか。

A 研究開発事業計画の認定の申請を行った者に対しては、認定又は不認定にかかわらず、その旨を通知することとしています。

Q31 研究開発事業計画の認定の申請先はどこになるのでしょうか。

A 研究開発事業計画の認定については、農林水産大臣、経済産業大臣に加え、廃棄物の処理に関する研究開発を含む研究開発事業については環境大臣が共同してこれを行うこととしているため、申請は各大臣あてに行う必要があります。提出すべき申請書等の部数は、正本を主務大臣数＋一部及び副本を主務大臣数となっています。具体的な申請窓口は次のとおりで、いずれか一箇所にまとめてご提出ください。

・農林水産省大臣官房環境バイオマス政策課

〒一〇〇－八九五〇　東京都千代田区霞が関一－二－一

・資源エネルギー庁省エネルギー・新エネルギー部新エネルギー対策課
〒一〇〇－八九三一　東京都千代田区霞が関一－三－一
・環境省大臣官房廃棄物・リサイクル対策部産業廃棄物課
〒一〇〇－八九七五　東京都千代田区霞が関一－二－二
〔※　平成二一年二月一日現在、地方農政局、地方経済産業局及び地方環境事務所は申請書の受付窓口ではありません。〕

Q32 研究開発事業計画の認定の申請に必要な書類を教えてください。

A

認定の申請に必要な書類については、施行規則において定められており、具体的には、次の①の申請書に②から⑤まで書類を添付して提出することとされています。

① 別記様式第3号（別紙1及び別紙2）
② 申請者が法人である場合には、定款又はこれに代わる書面
③ 申請者が個人である場合には、住民票の写し（外国人にあっては、外国人登録証明書の写し）
④ 申請者の最近二期間の事業報告書、貸借対照表及び損益計算書（これらの書類がない場合にあっては、最近一年間の事業内容の概要を記載した書類）

最近一年間の事業内容の概要を記載した書類とは、例えば、確定申告書が該当します。

⑤ その他、研究開発事業計画を説明するに当たり、必要と思われる書類

Q33 認定された研究開発事業計画の変更について教えてください。

A

認定を受けた研究開発事業計画について、その計画内容を変更しようとする場合は（計画に基づく研究開発事業の廃止を含みます。）、計画の変更の認定を受けることが必要です。

この場合、主務大臣は、変更の申請がなされた計画の内容について、再度、認定要件に照らして審査を行い、これが認定要件に適合している場合には、計画の変更の認定を行うこととしています。

なお、変更後の認定研究開発事業計画に係る研究開発事業の実施期間は、変更前の認定研究開発事業計画に係る研究開発事業の実施期間を含め、五年以内（新品種の育成を行う計画にあっては一〇年以内）でなければなりません。

Q34 認定研究開発事業計画の変更の認定の申請に必要な種類について教えてください。

A 変更の認定の申請に必要な書類については、施行規則に定められており、具体的には、次の①の申請書に②及び③の書類を添付して提出することとされています。

① 別記様式第4号
② 当該研究開発事業計画に従って行われる研究開発事業の実施状況を記載した書類
③ Q32の②から⑤に掲げる書類

なお、既に主務大臣に提出されている当該書類の内容に変更がないときは、①の申請書にその旨を記載して、当該書類の添付を省略することができます。

Q35 認定研究開発事業計画はどのような場合に取り消されますか。

A

(1) 主務大臣は、認定研究開発事業者が認定研究開発事業計画の実施に遅滞があると認めるときは、円滑な実施が図られるよう指導するほか、必要に応じ、認定研究開発事業計画の変更を指導するものとされています。

主務大臣は、認定研究開発事業者が認定研究開発事業計画に従って研究開発事業を行っていないと認めるときは、その認定を取り消すことができることとしています。

(2) なお、主務大臣が、認定研究開発事業者が認定研究開発事業計画に従って研究開発事業を行っていないと認めるときとは、当該認定研究開発事業計画に基づく当該研究開発事業の円滑な実施に著しい支障を生じており、その結果、Q29の研究開発事業計画の認定要件に該当しなくなると認められる場合になります。

Q36 研究開発事業計画の認定を受けると、事業の実施に必要な他法令の許認可等が不要になったり、基準が緩和されるのでしょうか。

A

ご質問にあるような特別な取扱いは行われません。

研究開発事業計画の認定を受けようとする者は、認定の申請に当たって、あらかじめ関係する行政機関等との十分な連絡調整を行い、研究開発事業の実施に当たって遺漏のないよう努めるとともに、関係法令を遵守してください。

本法に基づく研究開発事業計画の認定は、本法に基づく法律上の効果を有するに過ぎないことから、認定研究開発事業計画を実施する際には必要に応じて関係法令に基づく許認可等が必要となりますので、許認可等の権限を有する行政機関等はそれぞれ個別法に則して許認可等を審査するものであることに十分留意してください。

特に、研究開発事業を実施するに当たって、

・九〇度以上のエタノールの製造を行う場合におけるアルコール事業法（平成一二年法律第三六号）に基づくアルコール製造の許可

・農業振興地域の整備に関する法律（昭和四四年法律第五八号）第八条第二項第一号に規定する農用地区域の土地に施設の整備等を行う場合における同法で定める開発許可・市町村農業振興地域整備計画の変更に係る同意

・農地法（昭和二七年法律第二二九号）第二条に規定する農地又は採草放牧地に施設の整備等を行う場合における同法に基づく農地転用の許可

・消防法（昭和二三年法律第一八六号）上の危険物を取り扱う場合における同法の許可

などの許認可等を要するものについては、認定後に研究開発事業が円滑に実施されるよう、あらかじめ研究開発事業計画の

作成の際に関係行政機関等との十分な連絡調整を行ってください。

Q37 認定生産製造連携事業計画に対する支援措置にはどのようなものがありますか。

A

(1) 農業改良資金助成法（昭和三一年法律第一〇二号）、林業・木材産業改善資金助成法（昭和五一年法律第四二号）及び沿岸漁業改善資金助成法（昭和五四年法律第二五号）の特例

都道府県の無利子資金である農業改良資金、林業・木材産業改善資金及び沿岸漁業改善資金について、生産製造連携計画の認定を受けた農林漁業者等が認定生産製造連携事業計画に従って、バイオ燃料製造業者の需要に適確に対応した農林漁業有機物資源の生産を図るための措置を実施するのに必要な資金の償還期間は、農業改良資金及び林業・木材産業改善資金については一〇年以内から一二年以内に、沿岸漁業改善資金については政令で指定された資金の種類ごとに一〇年、七年、四年以内から一二年、九年、五年以内にそれぞれ延長されます。

(2) 中小企業投資育成株式会社法（昭和三八年法律第一〇一号）の特例

認定生産製造連携事業計画に従って、バイオ燃料の効率的な製造を図るための措置を実施するため、資本金三億円を超える株式会社を設立した場合又は資本金が三億円を超える株式会社が資金の調達を行う場合においては、中小企業投資育成株式会社法の規定にかかわらず、中小企業投資育成株式会社による株式等の引受け及び保有の事業の対象となります。

(3) 産業廃棄物の処理に係る特定施設の整備の促進に関する法律（平成四年法律第六二号）の特例

認定事業者が認定生産製造連携事業計画に従って特定バイオ燃料の製造（産業廃棄物の処理に該当するものに限る。）の用に供する施設の整備を行う場合、その必要な資金の借入れについて、産業廃棄物の処理に係る特定施設の整備の促進に関する法律に基づいて産業廃棄物処理事業振興財団が行う債務保証の対象となります。

Q38 認定研究開発事業計画に対する支援措置にはどのようなものがありますか。

A

(1) 中小企業投資育成株式会社法の特例

認定研究開発事業計画に従って、研究開発事業を実施するため、資本金三億円を超える株式会社を設立した場合又は資本金が三億円を超える株式会社が資金の調達を行う場合においては、中小企業投資育成株式会社法の規定にかかわらず、中小企業投資育成株式会社による株式等の引受け及び保有の事業の対象となります。

(2) 産業廃棄物の処理に係る特定施設の整備の促進に関する法律の特例

認定研究開発事業者が認定研究開発事業計画に従って研究開発事業（産業廃棄物の適正な処理の確保に資するものに限る。）を行う場合、産業廃棄物の処理に係る特定施設の整備の促進に関する法律に基づいて産業廃棄物処理事業振興財団が行う助成金交付の対象となります。

(3) 種苗法（平成一〇年法律第八三号）の特例

農林水産大臣は、認定研究開発事業計画に従って行われる研究開発事業の成果に係る新品種の出願品種について品種登録出願をし、又は品種登録を受けたときは、その出願料及び第一年から第六年までの登録料の四分の三に相当する額を軽減することとされました。

（※種苗法の特例に関する手続等については、Q44～47もご覧ください。）

Q39 認定された場合、自動的に特例が措置されるのでしょうか。

A 認定生産製造連携事業計画及び認定研究開発事業計画に対する支援措置は、いずれも認定を受けた者に対して自動的に特例が措置されるものではなく、支援措置を希望する認定事業者又は認定研究開発事業者が、各支援措置について関係する行政庁や法人とその特例を受けることについて別途協議や申請等を行う必要があります。申請等の後、関係行政機関や法人が支援措置の対象となるか否かを決定するものであることに十分留意してください。

Q40 固定資産税の特例措置はどのようなものですか。

A

平成二〇年度の税制改正において、認定生産製造連携事業計画に基づき新設した機械その他の設備のうち、木質固形燃料、エタノール、脂肪酸メチルエステル及びガスの製造設備について、当該設備に係る固定資産税の課税標準額を三年間にわたり二分の一とする軽減措置が講じられました。

固定資産税の軽減措置の対象となるのは、本法の施行の日である平成二〇年一〇月一日から平成二二年三月三一日までの間に「認定生産製造連携事業計画に従つて実施する生産製造連携事業により新設した機械その他の設備」とされています。

このため、固定資産税の軽減措置を受けようとする者は、あらかじめ機械その他の設備の取得前に生産製造連携事業計画の認定を受け、認定後に計画に従って当該機械その他の設備を取得する必要があります。

また、「新設した」とは、新品の機械や製造設備を取得することをいい、中古品や既に据え付けられた製造設備の所有権を取得した場合等は「新設した」と認められません。

なお、具体的な固定資産税の賦課についての事務及び解釈については、各市町村税務担当課に確認してください。

Q41 平成二一年中に生産製造連携事業計画の認定を受けて、平成二二年中にバイオ燃料製造施設を整備した場合、固定資産税の軽減の対象となりますか。

A

対象となります。

その年度の固定資産税は当該年度が属する一月一日現在で所有している資産に対して賦課されるため（例えば、平成二一年度分の固定資産税であれば平成二一年一月一日に所有している固定資産に対して課税されます。）、質問のケースであれば、二二年度は固定資産税は賦課されず、二三年度から二五年度までの固定資産税が軽減されることとなります。

ただし、本法に基づく固定資産税の軽減特例の対象となるバイオ燃料製造施設は、生産製造連携事業計画の認定を受けた上で平成二三年三月三一日までに新たに新設したものに限られているため、平成二三年三月三一日までに生産製造連携事業計画の認定を受けた場合であっても、平成二三年四月一日以降にバイオ燃料製造施設を新設した場合は軽減特例の対象とはなりません。

Q42 平成二一年中のバイオ燃料製造施設の新設を検討していますが、本法に基づく固定資産税の軽減を受けるためには、いつまでに認定の申請を行う必要がありますか。

A

平成二一年中のバイオ燃料製造施設の新設であれば、平成二二年度の固定資産税について軽減措置の対象となります。このため、本法に基づく生産製造連携事業計画の認定を受けた上で、バイオ燃料製造施設の新設は平成二二年度分の固定資産税の賦課期日である平成二二年一月一日までに行う必要があります。

申請された計画の審査にかかる日数を勘案して、バイオ燃料製造施設の新設の前に十分な時間的余裕を持って申請するようにして下さい。

また、認定申請をご検討の際には、Q49の問い合わせ先まで事前にご相談下さい。

Q43 四〇〇〜五〇〇〇万円くらいのＢＤＦ装置でも固定資産税の軽減の対象となりますか。

A

対象となります。

地方税法第三五一条において、固定資産税の免税点が定められており、「家屋又は償却資産に対して課する固定資産税の課税標準となるべき額が土地にあっては三〇万円、家屋にあっては二〇万円、償却資産にあっては一五〇万円に満たない場合においては、固定資産税を課することができない。」ことになっています。

ただし、市町村の条例の定めるところによって、免税点以下の資産であっても課税されることがありますので、固定資産税の軽減の対象となる施設の範囲については、市町村税務担当部署に個別に確認してください。

Q 44

特定バイオ燃料の原材料として複数の原材料を利用する取組において、それらの原材料の一部を利用する生産製造連携事業計画の認定を受けてバイオ燃料製造設備を新設する場合、認定を受けた原材料と認定を受けていない原材料が同一のバイオ燃料製造設備で利用されることが想定されるが、固定資産税の軽減措置の対象となりますか。

A

対象となります。使用する原材料の割合による案分等によって、軽減措置の対象範囲が縮小されることもありません。

なお、固定資産税の軽減の対象となるバイオ燃料製造設備の範囲については、市町村税務担当部署に個別に確認してください。

Q45 出願料軽減申請の手続きの流れについて教えてください。

A

本法に基づき、出願料の軽減を受けようとする場合は、以下のような手続きの流れになっています。

手続き①

「出願料軽減申請書」及び「申請に係る出願品種が認定研究開発事業計画に従って行われる研究開発事業の成果に係るものであることを証する書面（成果証明書）」を農林水産省大臣官房環境バイオマス政策課バイオマス推進室に提出してください。

手続き②

申請者が認定研究開発事業者であることが確認されたときは、農林水産省大臣官房環境バイオマス政策課バイオマス推進室から申請者に対して「確認書」が交付されます。

手続き③

種苗法第五条に基づいて、出願の願書（「品種登録願」といいます。）を提出することとなります。この際、種苗法施行規則（平成一〇年農林水産省令第八三号）第八条第一項に規定する出願料の額の四分の一に相当する金額の収入印紙を品種登録願の収入印紙欄に貼付します。さらに、収入印紙欄の空欄部分又は直下に朱書きで「バイオ燃料法に基づく出願料の四分の三の軽減。」と、手続き②で交付された「確認書」の番号を「確認書番号〇〇号」と記載してください。

ただし、品種登録願を提出する時点で手続き②の「確認書」が交付されていないときは、種苗法施行規則に規定する出願料の額の四分の一に相当する金額の収入印紙を貼付の上、品種登録願の収入印紙欄の空欄部分又は直下に「バイオ燃料法に基づく出願料の四分の三の軽減。確認書交付申請中。」と朱書で記載してください。

出願料の軽減手続きの完了

手続き③において提出すべき書類の不足、記載事項の漏れ等がなければ、出願料の軽減手続きが完了します。

なお、手続き①の「成果証明書」については、本法に基づく他の軽減申請書の提出において既に提出されていて、その内容に変更がない場合には、その旨を「出願料軽減申請書」に記載して省略することができます。

Q46 登録料軽減申請の手続きの流れについて教えてください。

A 本法に基づいて、第一年から第六年までの各年分の登録料の軽減を受けようとする場合は、以下のような手続きの流れになっています。

手続き①

「登録料軽減申請書」及び「申請に係る登録品種が認定研究開発事業計画に従って行われる研究開発事業の成果に係るものであることを証する書面（成果証明書）」を農林水産省大臣官房環境バイオマス政策課バイオマス推進室に提出してください。

手続き②

申請者が認定研究開発事業者であることが確認されたときは、農林水産省環境バイオマス政策課から申請者に対して「確認書」が交付されます。

手続き③

種苗法第四五条に基づく登録料について、品種登録の納付書（品種登録納付書）によって納付することとなります。この際、種苗法施行規則第一九条第一項に規定する登録料の額の四分の一に相当する金額の収入印紙を品種登録納付書に貼付します。さらに、収入印紙の貼付部分の上に朱書きで「バイオ燃料法に基づく第〇年から第〇年の登録料の四分の三の軽減。」と、手続き②で交付された「確認書」の番号を「確認書番号〇〇号」と記載してください。

ただし、登録料の納付の時点で手続き②の「確認書」が交付されていないときは、種苗法施行規則第一九条第一項に規定する登録料の額の四分の一に相当する金額の収入印紙を貼付の上、登録料納付書の印紙の貼付部分の上に「バイオ燃料法に基づく第〇年から第〇年の登録料の四分の三の軽減。確認書交付申請中。」と朱書きで記載してください。登録料の軽減は第一年から第六年に限られていることに留意してください。

登録料の軽減手続きの完了

手続き③において提出すべき書類の不足、記載事項の漏れ等がなければ、登録料の軽減手続きが完了します。

なお、手続き①の「成果証明書」については、本法に基づく他の軽減申請書の提出において既に提出されていて、その内容に変更がない場合には、その旨を「登録料軽減申請書」に記載して省略することができます。

Q47 使用者が、従業者がした職務育成品種について出願料又は登録料の軽減を受ける場合の手続きの流れについて教えてください。

A

基本的にはＱ44及びＱ45と同様です。ただし、手続き①の際に、出願料軽減申請書又は登録料軽減申請書及び成果証明書に加えて、

① その出願品種又は登録品種が職務育成品種であることを証する書面

② あらかじめ使用者等が品種登録出願をすること又は従業者等がした品種登録出願の出願者の名義を使用者等に変更することが定められた契約、勤務規則その他の定めの写し

を提出する必要があります。

なお、これらの書類については、本法に基づく他の軽減申請書の提出において既に提出されていて、その内容に変更がない場合には、その旨を「出願料軽減申請書」又は「登録料軽減申請書」に記載して省略することができます。

Q48 共有の場合の出願料又は登録料の額の計算方法について教えてください。

A 出願料又は登録料の軽減を受けようとする出願品種又は登録品種が、認定研究開発事業者と認定研究開発事業者以外の者との共有に係る場合であって持分の定めがあるときは、各共有者ごとに出願料又は登録料の金額（軽減又は免除を受ける者にあっては、その軽減又は免除後の金額）にその持分の割合を乗じて得た額を合算して得た額を納付してください。

なお、軽減後の出願料又は登録料の金額に十円未満の端数があるときは、その端数は切り捨てるものとします。

Q 49 本法に関する問い合わせ先はどこでしょうか。

A

本法に関する問い合わせ先は次のとおりです。

○農林水産省

大臣官房環境バイオマス政策課

〒一〇〇—八九五〇　東京都千代田区霞が関一—二—一　TEL：〇三—三五〇二—八四五八　FAX：〇三—三五〇二—八二七四

北海道農政事務所

〒〇六〇—〇〇〇四　札幌市中央区北四条西一七丁目一九—六　TEL：〇一一—六四二—五四六五　FAX：〇一一—六四二—五五〇九

東北農政局企画調整室

〒九八〇—〇〇一四　仙台市青葉区本町三—三—一　TEL：〇二二—二六三—〇五六四　FAX：〇二二—二一七—二三八二

関東農政局企画調整室

〒三三〇—九七二二　さいたま市中央区新都心二—一　TEL：〇四八—七四〇—〇三一〇　FAX：〇四八—六〇〇—〇六〇二

北陸農政局企画調整室
〒九二〇―八五六六　金沢市広坂二―二―六〇　TEL：〇七六―二三二―四二〇六　FAX：〇七六―二三二―四二一八

東海農政局企画調整室
〒四六〇―八五一二　名古屋市中区三の丸一―二―二　TEL：〇五二―二二三―四六〇九　FAX：〇五二―二一九―二六七三

近畿農政局企画調整室
〒六〇二―八〇五四　京都市上京区西洞院通り下町下ル丁子風呂町　TEL：〇七五―四一四―九〇三六　FAX：〇七五―四一四―九〇六〇

中国四国農政局企画調整室
〒七〇〇―八五三二　岡山市下石井一―四―一　TEL：〇八六―二二四―九四〇〇　FAX：〇八六―二三五―八一一五

九州農政局企画調整室
〒八六〇―八五二七　熊本市二の丸一―二　TEL：〇九六―三五三―七三六二　FAX：〇九六―三一一―五二八〇

〇経済産業省・資源エネルギー庁
省エネルギー・新エネルギー部新エネルギー対策課
〒一〇〇―八九三一　東京都千代田区霞が関一―三―一　TEL：〇三―三五〇一―四〇三一　FAX：〇三―三五〇一―一三六五

〇環境省
大臣官房廃棄物・リサイクル対策部産業廃棄物課

〒一〇〇―八九七五　東京都千代田区霞が関一―二―二　TEL：〇三―三五八一―三三五一　FAX：〇三―三五九三―八二六四

○北海道開発局
開発監理部開発調査課
〒〇六〇―八五一一　札幌市北区北八条西二丁目　TEL：〇一一―七二七―三〇〇五　FAX：〇一一―七三六―五八五九

○沖縄総合事務局
農林水産部農政課
〒九〇〇―〇〇〇六　那覇市おもろまち二―一―一　TEL：〇九八―八六六―一六二七　FAX：〇九八―八六〇―一三九五

Q50 木質ブリケットについては、特定バイオ燃料に該当しますか。

A

木質ブリケットは、特定バイオ燃料に該当します。
ただし、その原材料は「木竹に由来する農林漁業有機物資源」である必要があります。

Q51 広域的な地域間における、農林漁業者等とバイオ燃料製造事業者の連携は認められますか。

A 認められます。

農林漁業有機物資源は、その種類や量は地域によって様々です。また、バイオ燃料製造施設が近隣にない場合なども考えられます。このような実態を踏まえて、農林漁業者等とバイオ燃料製造業者の連携について、地域的な限定は要件とされていないところです。

Q52 バイオ燃料製造業者が農林漁業に参入して農林漁業有機物資源の生産及びバイオ燃料の製造を行う場合は、生産製造連携事業の対象となりますか。

A 農林漁業者等とバイオ燃料製造業者が同一の者である場合は対象とはなりません。

Q 53

「生産製造連携事業」の対象について、漁業者と安定的な取引関係を有する水産加工業者（かまぼこ製造業者）が、自社工場から排出される廃食用油を原料にＢＤＦを製造するといった、農林漁業有機物とバイオ燃料原料とのつながりが間接的な場合はどうなりますか。

A

「安定的な取引関係」とは、農林漁業者等とバイオ燃料製造業者との間における農林漁業有機物資源の安定的な取引関係を確立することをいいます（法第二条第三項第一号）。例示の水産加工業者と漁業者との関係は、かまぼこの原料の取引関係があるに過ぎず、原料となる廃食用油については自社工場内で完結しているものであるため、本法における「農林漁業有機物資源の安定的な取引関係」には該当しません（Ｑ８も併せてご覧ください）。

Q 54

食品関連事業者から排出される食品残さを原材料としてバイオ燃料を製造する場合において、そのバイオ燃料の製造の際に発生する残さを肥料・飼料に利用し、その利用先として農家と連携する場合は、生産製造連携事業計画の対象になりますか。

A

この事例は、生産製造連携事業の対象にはなりません。

Q55 既存のバイオ燃料製造施設でも生産製造連携事業の対象になりますか。

A

新しいバイオ燃料製造施設を導入することが生産製造連携事業の要件ではないので、既存のバイオ燃料製造施設でも対象になります。ただし、特定バイオ燃料の効率的な製造を図るための措置を実施することが必要です。

Q56 現在、バイオ燃料製造施設を造成中であっても、「生産製造連携事業計画」の認定を申請することは可能ですか。

A

認定の申請は可能です。

ただし、認定を受ける前に取得した施設については、固定資産税の軽減の対象とはなりません。

Q57 生産製造連携事業を実施しようとするバイオ燃料製造業者は、製造するバイオ燃料の原材料の全てについて、農林漁業者等が生産した農林漁業有機物資源を原材料とする必要があるのですか。

A その必要はありません。食品廃棄物や建築廃材を原材料としたバイオ燃料の製造ができなくなるものではありません。ただし、生産製造連携事業の対象となるのは、農林漁業者等との安定的な取引関係に基づいて生産された農林漁業有機物資源を原材料としたバイオ燃料の製造に限られます。

Q58 研究開発事業については、未だ実用レベルには至っていない、研究開発を要するバイオ燃料だけが対象となるのですか。

A 研究開発事業の対象となるバイオ燃料については、特段限定を設けておらず、例えば特定バイオ燃料（バイオ燃料のうち、相当程度の需要が見込まれるものとして政令で定めるもの）についても、その製造の高度化を図る研究開発であれば、本事業の対象となります。

第五節　参考資料

○バイオマス・ニッポン総合戦略

〔平成十八年三月〕

まえがき

二〇〇二年十二月に、「バイオマス・ニッポン総合戦略」（以下「本戦略」という。）が閣議決定され、これに基づき、計画的な施策の推進を図ってきたが、この間において、二〇〇五年二月に京都議定書が発効し、実効性のある地球温暖化対策の実施が喫緊の課題となるなど、バイオマスの利活用をめぐる情勢が変化している。

このため、バイオマスの利活用の現状と課題の検証を踏まえ、新たな総合戦略を策定し、今後重点的に取り組むべき課題や施策を明らかにすることとする。

一　背景

(1)　なぜ、今、「バイオマス・ニッポン」か

私たち人類は、古来より、地球に降り注ぐ太陽のエネルギーを使って生物により生産される資源であるバイオマスを食料・木材として、更にはエネルギーや製品として利用することにより、生活を営んできた。しかしながら、経済的な豊かさと便利さを手に入れ、発展する過程において、その生活基盤の多くを枯渇が予想される石炭や石油などの化石資源に依存するようになってきた。

これまでの大量生産、大量消費、大量廃棄の社会システムは、自然の浄化能力を超え、地球温暖化、廃棄物、有害物質等の様々な環境問題を深刻化させている。

私たちが本総合戦略で取り上げるバイオマスとは、生物資源（bio）の量（mass）を表す概念で、「再生可能な、生物由来の有機性資源で化石資源を除いたもの」である。バイオマスは、地球に降り注ぐ太陽のエネルギーを使って、無機物である水と二酸化炭素（CO_2）から、生物が光合成によって生成した有機物であり、私たちのライフサイクルの中で、生命と太陽エネルギーがある限り持続的に再生可能な資源である。

バイオマスを燃焼すること等により放出されるCO_2は、生物の成長過程で光合成により大気中から吸収したCO_2であることか

実用化に向けた取組が行われてきたところであるが、石油価格の安定等により、必ずしも私たちの生活に浸透するまでには至らなかったのが現状である。

しかしながら、今、以下の理由から、エネルギーや製品としてバイオマスを総合的に最大限利活用し、持続的に発展可能な社会「バイオマス・ニッポン」をできる限り早期に実現することが、強く求められている。

① 地球温暖化の防止に向けて

地球温暖化問題は、次世代に豊かな資源と美しい環境に囲まれた地球を残していくため、人類が早急に取り組まなければならない最も重要な環境問題の一つである。

二〇〇五年二月に京都議定書が発効し、我が国においては、基準年（原則一九九〇年）の温室効果ガスの排出量に比べ六%の温室効果ガスの削減を、二〇〇八年から二〇一二年までの第一約束期間に達成する義務が課されているところであり（二〇〇三年の排出量は基準年比八・三%の増加となっており、削減約束との差は一四・三%と広がっている。）、この義務の履行を確実に達成するため、二〇〇五年四月に「京都議定書目標達成計画」が策定された。

この中で、温室効果ガス排出削減対策として、バイオマスタウン構築によるバイオマス利用の推進やバイオマスエネルギー

ら、バイオマスは、私たちのライフサイクルの中では大気中のCO_2を増加させないという「カーボンニュートラル」と呼ばれる特性を有している。このため、化石資源由来のエネルギーや製品をバイオマスで代替することにより、地球温暖化を引き起こす温室効果ガスのひとつであるCO_2の排出削減に大きく貢献することができる。

さらに、バイオマスは、化石資源のようにエネルギーとしても製品としても利活用でき、国民生活の幅広い場面での利活用が可能である。

一方、化石資源も大昔に生物が生成したものと考えられているが、これは何億年もかけて蓄積されてきたものであって、私たちのライフサイクルの中では再生不可能な資源であり、いずれは枯渇が予想される有限の資源である。

この限りある化石資源を私たちの次世代も引き続き活用できるようにするとともに、化石資源への依存を低減する意味からも、バイオマスを従来の食料・木材としての利用にとどまらず、新たな観点から、エネルギー又は製品としての活用を推進していくことにより、持続的に発展可能な社会を目指すこと、これが今、求められている。

我が国においても、これまでも、一九七〇年代の石油危機の時期等に、バイオマスの新たな利活用についての各般の研究開発、

などの新エネルギー導入の促進を、また、森林経営による獲得吸収量の上限値（対基準年総排出量比三・九％）を確保するため森林吸収源対策を進め、さらに京都メカニズムの推進・活用を図ることとされている。

また、二〇〇二年にヨハネスブルグで開催された「持続可能な開発に関する世界首脳会議」において採択された「実施計画」には、バイオマスを含めた再生可能エネルギーに係る技術開発、産業化の推進等が位置付けられ、バイオマスの総合的な利活用は国際的な合意事項となっているところである。

② 循環型社会の形成に向けて

これまでの有限な資源から商品を大量に生産し、これを大量に消費、廃棄する一方通行の社会システムを改め、廃棄物の発生を抑制し、限りある資源を有効活用する循環型社会へ移行していくことが強く求められており、このような循環型社会形成推進基本法に掲げられた理念を具体化していくことが必要となっている。この循環型社会の形成に向けて、自然の恵みによりもたらされる持続的に再生可能な資源であるバイオマスは重要な役割を担うものであり、その総合的な利活用を通じ、循環型社会への移行を加速化していくことが必要となっている。

③ 競争力のある新たな戦略的産業の育成に向けて

大きな転換点にある我が国の経済社会において、九〇年代初めと比べて大幅に低下している産業競争力を再生することが経済活性化の鍵となっている。産業が高度に発展し、人口が集中する我が国においては、環境問題が非常に早くから顕在化しているが、この機を捉えて環境技術、環境産業の育成に率先して取り組んでいくことが必要である。この先進的な取組により、これから経済的発展を迎える国々で深刻化するおそれがある環境問題の解決に向け、環境の保全を図りつつ経済の活性化が図られる社会のモデルを世界に提示していくことが可能となる。

バイオマスを新たにエネルギーや製品に利活用することにより、革新的な技術・製品の開発、ノウハウの蓄積、先駆的なビジネスモデルの創出等が可能となり、全く新しい環境調和型産業とそれに伴う新たな雇用の創出が期待できる。このバイオマス関連産業を日本発の戦略的産業として育成することにより、我が国の産業競争力を再構築していくことが必要となっている。

④ 農林漁業、農山漁村の活性化に向けて

我が国は化石資源は乏しいものの、アジアモンスーン地帯に属し温暖・多雨な気候条件のおかげで、自然の恵みによりもたらされるバイオマスが豊富であり、その多くは農山漁村に存在している。また、家畜排せつ物、稲わら、林地残材等農林漁業から発生するバイオマスを有効活用することにより、農林漁業の自然循環機能を維持増進し、その持続的な発展を図ることが可能となる。さらに、バイオマスの利活用は、農林漁業にこれまでの食料や木材の供給の役割に加えて、エネルギーや工業製品の供給という可能性を与えるとともに、都市と農山漁村の共生と対流を促進することにより、その新たな発展のひとつの鍵となり得るものであり、日本全体の活性化へつなげていくことが期待される。

また、間伐等の手入れが不足した森林が見られる中、健全で活力ある森林の育成を通じて産出される地域材の利用は、地球温暖化の防止のみならず国土の保全、水源のかん養など森林の有する多面的機能を維持増進することにつながり、コストのみでは判断できない価値が存在するものであるということについて国民の理解が一層必要となっている。

(2) バイオマス・ニッポン総合戦略策定後の動向

政府は、二〇〇二年十二月に本戦略を策定し、二〇一〇年を目途とした具体的な目標を掲げ、目標達成に向けた基本的戦略を定めた。その後、関係省庁、機関においては、本戦略に基づき、バイオマスの利活用の推進を図るための諸施策や取組を着実に実施してきた。

二〇〇二年には、バイオマスエネルギーが新エネルギーの一つとして定義づけられるとともに、電気事業者による新エネルギー等の利用に関する特別措置法が制定され、バイオマスエネルギーを含めた新エネルギーの活用が促進された。また、二〇〇三年に揮発油等の品質の確保等に関する法律が改正され、自動車の安全や排出ガス性状等の観点から、ガソリンへのエタノールの混合上限が三％と規格化されたほか、輸送用燃料におけるバイオマス由来燃料の利用促進を図るため、二〇〇四年から関係省庁の連携による実証実験が実施されている。また、同年には、市町村が中心となって地域のバイオマス利活用の全体プランを作成し、実現を図る「バイオマスタウン」の取組が始まった。

一方、バイオマスをめぐる社会的背景を概観すると、本戦略策定以降、二〇〇五年二月に京都議定書が発効するなど実効性のある地球温暖化防止対策の実施が喫緊の課題となっており、原油価格の高騰などを背景に、化石資源への依存の低減を図る必要性が認識されてきている。また、同四月に閣議決定した京都議定書目標達成計画において、二〇一〇年度までに、バイオマス熱利用原油換算三〇八万キロリットル（輸送用燃料におけるバイオマス由来燃料五〇万キロリットルを含む。）の導入やバイオマス発電の大幅増加、五〇〇市町村程度でのバイオマスタウンの構築を図ることとされた。さらに、循環型社会形成推進のための法体系の整備や各種施策が講じられてきたこと等により、産業廃棄物等の事業活動に伴って生じた廃棄物を中心としたバイオマスの利活用は相当程度進展してきた。

技術面においては、二〇〇二年以降、小規模分散型システムの開発が進み、バイオマス由来燃料の導入やバイオマスプラスチックの普及に向けた技術も向上するなど、個々の要素技術は急速に進展している。また、今後、社会システムの中でどのように要素技術をマッチさせていくかが課題となっていることに対応して、システム実証研究が進められている。

国際的な観点からみると、地球温暖化防止の観点に加え、最近の原油価格の高騰等を背景としたエネルギーセキュリティの観点等から、バイオマスエネルギーへの注目が高まっている。ＥＵでは、二〇〇三年に「輸送用のバイオマス由来燃料、再生可能燃料の利用促進に係る指令」が発効し、加盟各国にバイオマス由来燃料、再生可能燃料の導入目標の設定が義務づけられ、米国では「二〇〇五年エネルギー政策法」が成立し、自動車燃料への再生可能燃料の使用目標が大幅に引き上げられた。また、中国では二〇〇五年に「再生可能エネルギー法」が制定され、バイオエタノールやバイオガスの供給体制を強化することとしており、東南アジア諸国においてもバイオマス由来燃料開発計画を進める方針を決定している。一方、我が国においては、京都議定書の約束達成に必要な差分（基準年排出量比一・六％）については、京都メカニズム（共同実施（ＪＩ）、クリーン開発メカニズム（ＣＤＭ）及び排出量取引）の活用により対応することが必要とされたところであり、京都メカニズムを活用したバイオマスエネルギーの導入事例も増加している。

(3) 我が国のバイオマス利活用の現状

① バイオマス利活用の状況

我が国は、温暖・多雨な気候条件により、かなりのバイオマスの賦存量が見込まれる。しかしながら、まだ十分にバイオマスが国民に認知されていないこと、「広く、薄く」存在している上、水分含有量が多い、かさばる等の扱いづらいというバイオマスの特性のために収集が困難であること、効率の高い変換技術の開発が不十分であること、事業の採算性の問題等により十分な活用がなされていない。

また、経済性等の観点から、現時点では産業廃棄物等の事業活動に伴って生じた廃棄物系バイオマスについては利活用が進められているが、家庭系生ごみ、農作物非食用部や林地残材のようなバイオマスの有効利用は十分とは言えず、さらに、エネルギー等を得ることを目的とした資源作物の栽培等はほとんど見られない。

我が国における個別のバイオマスの利活用状況については、現時点で把握可能な最新の調査結果によれば、以下のとおりである。

家畜排せつ物については、家畜排せつ物の管理の適正化及び利用の促進に関する法律が二〇〇四年に本格施行されたこと等により、年間発生量約八、九〇〇万トンのうち、約九〇%がたい肥などの肥料としての利用である。しかしながら、南九州地域などの畜産濃密地帯では、輸送性の悪さや窒素などの成分量等を考慮すると、家畜排せつ物の肥料としての農地への還元については、過剰感が顕在化している。

食品廃棄物については、約二、二〇〇万トン発生していると推計されるが、食品循環資源の再生利用等の促進に関する法律が二〇〇一年に施行されたこと等により、肥料や飼料等に再生利用されているものは同法施行時の約一〇%から約二〇%に向上した。しかしながら、残りの約八〇%は焼却・埋立処理されているものと推計される。

また、紙の消費量は約三、六〇〇万トンで、そのうち半分以上が古紙として回収される等リサイクルされている。残りの約一、六〇〇万トンの大半がごみ焼却施設で焼却され、焼却施設の約七割では余熱利用されている。

さらに、製紙工場においてパルプ生産段階で生じる廃液である黒液が年間約一、四〇〇万トン（乾燥重量）発生し、エネルギー（主に直接燃焼）として利用されている。

下水汚泥については、年間発生量七、五〇〇万トン（濃縮汚泥ベース）のうち、約三六%が埋立、残り約六四%が建設資材やたい肥として利用されており、再生利用されている割合は着実に増加している。また、農業集落排水汚泥の一部がたい肥として利用されているほかは、し尿汚泥については年間発生量約二、九〇〇万トンのうち、大半が焼却・埋立されている。

木質系廃材・未利用材については、製材工場等残材（年間発生量約五〇〇万トン）はほぼエネルギーや肥料として再生利用されているが、間伐材・被害木を含む林地残材（年間発生量約三七〇万トン）については、わずかに紙製品等の原材料として利用がある程度で、ほとんど利用されていない。また、今後発生量の増加が見込まれる建設発生木材（現時点での年間発生量約四六〇万トン）の利用割合は、建設工事に係る資材の再資源化等に関する法律が二〇〇二年に完全施行されたこと等により、約四〇%から約六〇%に大幅に向上している。建設発生木材は製紙原料、ボード原料、家畜敷料等やエネルギー（主に直接燃焼）に利用されている。

稲わら、もみ殻等の農作物非食用部については、年間発生量約一、三〇〇万トンのうち、約三〇%がたい肥、飼料、畜舎敷料等として利用されているが、発生する稲わらのうち約七〇%が農地にすき込まれるにすぎないなど、大半が低利用にとどまっている。

資源作物の利活用は現時点ではほとんど認められないが、菜の花を栽培して食用油として利用した後、収集しバイオディーゼル燃料の原料として利活用する取組みを進めている地域があるほか、さとうきびなどを原料にバイオエタノールを製造して自動車用の燃料に利活用する実証試験が行われている。

② バイオマス利活用技術の現状

バイオマスの利活用技術は、エネルギーとしての利活用と製品としての利活用の二つに大別され、主な技術の現状は以下のとおりである。

(i) エネルギー利活用

木くず焚きボイラーやペレットストーブ等による直接燃焼、炭化などは従来から広く利用されてきている技術である。さらに、家畜排せつ物等を原料としてメタンガスを生成するメタン発酵や食品廃棄物である廃食用油からバイオディーゼル燃料を作り出すエステル化等の技術は、各地において利用が進められているが、これらの既存技術についてはエネルギー変換効率の更なる向上、製造コスト低減に係る技術革新や残さの処理等が課題になっている。

また、バイオマスを直接燃焼するのではなく、いったんガス化、あるいは液化してから利用することにより、エネルギー変換効率を向上させたり、エネルギーとしての利便性を高める各種の技術が開発されつつあり、バイオマスから得られたメタンガスを燃料電池や輸送用燃料として利活用する取組が進められる等、今後の実用化が期待されるところである。特にバイオマスの部分的な酸化によって得られるガスを発電や液体燃料製造に用いるガス化については技術開発が精力的に進められている。

さらに、でんぷんを原料としてエタノール発酵し液体燃料を製造する技術については既に実用化されており、生産から自動車利用までの一貫したシステムの実証が行われているところである。セルロース系バイオマスである木質系廃材・未利用材を糖化してエタノール発酵する技術開発は実証段階で進められている。

(ii) 製品利活用

たい肥化や畜産・養魚用の飼料化等は既に実用化されている技術であるが、利用者から見た品質の安定や利便性の向上が大きな課題になっており、各種の技術開発が行われているところである。

木質系廃材・未利用材については、量的に多いことから従来より様々な技術開発が行われてきており、木質系廃材を粉砕してから再構成する再生木質ボードや木材ープラスチック複合素材は既に広く利用されている。さらに、リグニンと古紙との複合による木質プラスチックの製造技術が実証レベルにあり、グラファイトを始めとする木質系素材の製造技術の開発についても精力的に取り組まれているところである。

また、近年、生分解性素材について、従来のプラスチックと異なり微生物により分解されるという特性等に各界より強い関心が寄せられており、バイオマス由来の乳酸やでんぷんを原料としたプラスチックについては、既に一部商業生産が開始されているが、低コスト化や耐熱性、耐久性の向上などが課題である。現在、製造効率向上のための実証試験が進められているところであり、今後、廃棄、リサイクル時の環境面における影響等に十分配慮し、耐熱性や強度等の物性の改良が進めば、用途と需要の拡大が期待される。

さらに、水産加工残さなどの海洋バイオマス、農作物非食用部等から機能性食品や化学製品の原料を製造する技術も期待されており、例えば、機能性食品の原料となるＤＨＡ、ＥＰＡ、γ-アミノ酪酸、食物繊維、甲殻類を原料として抗菌繊維の原料として利用されるキトサン及び化粧品の原料となるコラーゲンを抽出する技術については既に実用化されている。現在、様々な機能を有し医薬品や新素材の原料となりうる各種物質を製造するための技術開発が実証段階若しくは基礎段階で進められている。

③　バイオマスタウンの推進状況

地域におけるバイオマスの利活用の推進を図るため、政府においては、二〇〇四年から、市町村が中心となって域内の廃棄物系バイオマスを炭素量換算で九〇％以上又は未利用バイオマスを炭素量換算で四〇％以上利活用するシステムを有することを目指すバイオマス利活用の構想を作成し、その実現に向けて取り組む「バイオマスタウン」の構築を推進している。

市町村がバイオマスタウンの構築を目指して作成する構想については、関係府省、都道府県において情報共有され、それぞれの機関のホームページ等を通じて広く国民に紹介されている。二〇〇六年三月現在、三五地域の構想が公表されている。

二　バイオマス・ニッポン総合戦略の目指すもの

(1)「バイオマス・ニッポン」の姿（二〇三〇年を見据えて）

エネルギーや製品としてバイオマスを総合的に最大限活用し、持続的に発展可能な社会「バイオマス・ニッポン」を実現するに当たっては、まず、国民に「バイオマス・ニッポン」の姿をイメージしていただくことが必要である。

以下では、現在進められているバイオマスの利活用に関する技術開発の成果や先進的な取組が全国に普及し、さらに今後の技術開発の展開を見込んだ姿のイメージを示す。

国民一人ひとりの中に、私たちの身近にあるバイオマスは、資源として利活用されるものであるとの意識及び生活習慣が定着し、廃棄物系バイオマスの発生抑制が進む。バイオマスの生産・変換においては、適正な窒素循環等の環境への配慮や付加価値の高い製品・エネルギーを作り出す取組、段階的に製品やエネルギーに変換される取組が進み、生活の中にバイオマスの利活用が普及する。

家庭や外食産業、小売店舗などから出る生ごみは、再生利用しやすい形で分別して収集され、たい肥などに利用されたり、炭化又はメタンガス化されてエネルギーとして利用される。食品加工残さ等のように性状の均一な資源がまとまって出されるものについては、飼料としての利用も進み、食料自給率の向上にも資する。

下水汚泥や家畜排せつ物から作られるたい肥等の製品の品質の向上が図られ、需要側の使い勝手の良いものとなる。エネルギーとしての利用も進み、産出される熱や電気は施設内だけでなく、近隣の施設にも供給される。

建設発生木材は、製紙原料などの製品利用を優先的に進めるほか、製品利用できないものについては、発電用燃料としての利用、燃料用エタノール等の熱利用が進む。

稲わらは効率的に回収されることにより飼料としての利用が進み、粗飼料の自給率が一〇〇％になることに貢献するところとなる。また、農作物が食用だけでなく製品やエネルギーの原料として非食用途に利用される。また、農業機械にもバイオマス由来燃料が利用されるほか、良質なたい肥の安定的供給が図られ、耕畜連携が進むことにより、環境保全型農業が進むなど、農業生産現場の様子が変わる。

間伐材を含む林地残材等は、その利活用が、健全で活力ある森林の育成につながり、地球温暖化の防止や国土の保全、水源のかん養など森林の有する多面的機能の維持増進に資することについての国民の理解が深まるとともに、生産・流通・加工の大幅なコストダウンによって、製品やエネルギーとしての利活用が進む。

このようにして、廃棄物系バイオマス及び未利用バイオマスのほとんどが製品又はエネルギーとして最大限有効かつ体系的に利活用され、バイオマスタウンが全国的に構築される。また、有機性廃棄物についてはゼロエミッション社会が実現する。

輸送用機械の動力源が多様化する中で、液体燃料としてはバイオエタノールやバイオディーゼル燃料などの利活用が進む。各地において、様々なバイオマスを利用した発電及び熱利用が行われ、自家需要や近隣の電力需要の一部を賄うなどのエネルギーの地産地消が実現する。バイオマスプラスチックについては、環境への影響の少ないシステムが確立され、多くの製品に利用される。

(2)　「バイオマス・ニッポン」の進展シナリオ

バイオマスに関係するすべての人々の共通理解の醸成に資する

ため、「バイオマス・ニッポン」の進展の道筋を可能な限り明らかにすることが必要である。

この場合、「バイオマス・ニッポン」の進展を左右する重要な要素である、利活用の対象となるバイオマスの展開方向及びバイオマスの利活用技術の展開方向は、以下のように見通すことができる。

① バイオマスの種類に応じた利活用の展開方向

バイオマスは生物によって生産されるため、「広く、薄く」存在するという特性を持つ。したがって、その収集に係るコスト及び収集量による変換効率が、利活用の容易さを大きく左右することになる。

（廃棄物系バイオマス）

まず、廃棄される紙、家畜排せつ物、食品廃棄物、建設発生木材、黒液、下水汚泥といった廃棄物系バイオマスは、その利活用に係る費用面等の経済性を考えた場合、逆有償、すなわち、廃棄物処理費を付加して収集されるものもあるため、当該費用を利活用のためのコストとして使用でき、利活用が比較的早く進んでおり、今後も利用率が向上することが予想される。

現時点で、廃棄物系バイオマスのうち、かなりの量が一カ所に集積されているものとしては、食品廃棄物、建設発生木材、下水汚泥等がある。食品廃棄物や建設発生木材については、食品循環資源の再生利用等の促進に関する法律、建設工事に係る資材の再資源化等に関する法律等個別リサイクル法の規制ともあいまって、すでにエネルギーや製品として利活用されつつあるが、今後、制度の浸透、収集・輸送、変換の効率化等によって、さらにその利活用が進展するものと期待される。下水汚泥については、これまで利活用の中心だった製品としてのマテリアル利用だけでなく、他のバイオマスとの混合処理やエネルギー利用の進展により、一層の効率的な利活用が期待される。家畜排せつ物については、家畜排せつ物の管理の適正化及び利用の促進に関する法律の本格施行により、適正な管理が行われるようになった。その多くは、たい肥として利用されているが、地域によっては需給の不均衡が生じており、今後はこれらの地域間のたい肥の流通やエネルギー利用も含めた地域の需要に応じた利活用の進展が期待される。

廃棄物系バイオマスの年間の賦存量としては、湿潤重量で約三二、七〇〇万トン、乾燥重量で約七、六〇〇万トンが見込まれる。これをエネルギーに換算すると約一、二七〇ＰＪ（原油換算で約三、二八〇万キロリットル）に相当する。また、炭素量に換算すると約三、〇五〇万トンに相当し、これは我が国で生産されているプラスチックに含まれている全炭素量の約三倍に相当する。

（未利用バイオマス）

二〇一〇年頃を見通せば、現時点では、収集コストの面から農地に放置される等未利用である農作物非食用部、林地残材といった未利用バイオマスが、生産・排出者側の努力も含めた効率的な収集システムの確立、川上から川下までの一貫した林業コスト全般の縮減を図るシステムの導入等による生産・流通・加工のコストダウン、製品・エネルギー利用の拡大を目指した取組の強化や電力需要の創出、さらには新たな技術を活用したビジネスモデルの導入等により、その利活用が進むことが期待される。

未利用バイオマスの年間の賦存量としては、湿潤重量で約一、七〇〇万トン、乾燥重量で約一、五〇〇万トンが見込まれる。これをエネルギーに換算すると約二六〇ＰＪ（原油換算で約六六〇万キロリットル）、炭素量に換算すると約六四〇万トンに相当する。

（資源作物）

現時点では、さとうきび等からバイオエタノールを製造し、ガソリンとの混合燃料として利活用するなどの実験・実証レベルの取組や、地域における展示的取組等にとどまっているが、二〇二〇年頃には、エネルギーや製品への変換効率が大幅に向上し、バイオマスに対して原料代を支払ったとしても化石資源に由来するエネルギー価格や製品価格に対抗できるようになることが期待される。この場合、未利用地に、エネルギー源や製品の原料とすることを目的として、いわゆる「資源作物」が栽培されるようになるものと推測される。

資源作物の年間の賦存量を試算すると、湿潤重量で約二、二〇〇万トン、乾燥重量で約一、三〇〇万トンが見込まれる。これをエネルギーに換算すると約二四〇ＰＪ（原油換算で約六二〇万キロリットル）、炭素量に換算すると約六〇〇万トンに相当する。

（新作物）

現時点から半世紀後、すなわち二〇五〇年頃には、海洋植物や遺伝子組換え植物といった新作物による効率的なバイオマスの生産の可能性を含め、飛躍的に生産量が増大していることが期待される。

廃棄物系バイオマス、未利用バイオマス、資源作物の年間の賦存量を単純に合計すると、すべてをエネルギーに換算すると約一、八〇〇ＰＪ（原油換算で約四、六〇〇万キロリットル）、炭素量に換算すると約四、三〇〇万トン（国内で生産されるプラスチックに含まれる全炭素量の約四・三倍）に相当する。

② バイオマスの利活用技術の展開方向

バイオマスをエネルギー又は製品に変換する技術について

は、既に実用化されているものから、実証若しくは研究開発段階にあるものまで、完成度の異なる様々な技術があり、周辺技術も含めて研究・技術開発が進められている。

(i) 効率の高い収集・変換技術の開発・実用化

バイオマス利活用の推進に当たっては、経済性の向上を図ることが求められており、このためには、収集・変換効率の高い技術、バイオマス資源の収集・運搬を効率的に運用する物流システムを開発・実用化することが極めて重要である。

我が国には古くから醸造業等を通じて優れた科学技術の蓄積があり、これを基礎としたバイオテクノロジーが急速に発展している。近年では、熱・圧力や化学等による理化学的なバイオマス変換技術の進展に加えて、バイオテクノロジーを活用することにより、生物化学的なプロセスを用いて効率の高いバイオマスの変換技術が開発され、世界に先駆けた画期的な技術の実用化が期待される。

(ii) バイオマス・リファイナリーの構築

利用者の多様なニーズへの対応や、バイオマス由来のエネルギーや製品の幅広い用途への利活用を実現するため、バイオマスから得られる燃料や物質の多様化や高付加価値化について取り組むことが必要である。

そのためには、エネルギーとしても製品としても利活用できるバイオマスの特性を活かし、バイオマスを原料として、多種多様な燃料や有用物質を体系的に生産する「バイオマス・リファイナリー」の構築が有効な手段である。化石資源による「オイル・リファイナリー」で発展を遂げた我が国において、積極的に導入を進めていく必要がある。

(iii) バイオマスのカスケード的利用

バイオマスを資源として十二分に活用するには、原則として、バイオマスをすぐに燃焼させCO_2に戻すのではなく、製品として価値の高い順に可能な限り長く繰り返し利用し、最終的には燃焼させエネルギー利用するといったカスケード的（多段階的）な利用が個々の技術開発の推進に加えて求められる。そのためには、従来はともすればばらばらに行われてきた個々の技術開発をシステムとして体系化し、実用化することが急務である。なお、この際、窒素、リン等の栄養塩類についても、環境に配慮しつつ、循環的な利活用を図ることが重要である。

(iv) 他分野との連携、周辺技術の開発

このバイオマス変換技術の実用化に当たっては、将来的な技術開発につながる基礎研究の推進とともに、生命科学分野のみならず、システム工学をはじめとする工学系分野、利活用促進のための社会システムや経済性評価など人文・社会科

学分野との連携や、バイオテクノロジー、ナノテクノロジー等先端技術の研究勢力との連携や産学官の協力が重要であり、これら多方面の知見を総合的に活用しながら、技術の開発・実用化を進めていくことが必要不可欠である。

　また、収集・変換技術だけでなく、例えば、メタン発酵によって生じる廃水の処理技術等、周辺技術の開発・実用化が同時に進められることが必要である。その他、エネルギーとしての利活用については、「広く、薄く」存在するバイオマスの特性から、地域で効率的に利用できる小規模分散型システムの開発・導入を進めることも重要である。バイオマスの生産・収集から変換、利用に至る各要素技術が一体となってこそバイオマスの利活用が一層推進される。

③ バイオマスの広がりに応じた利活用の展開方向

(i) バイオマスタウンの構築

　バイオマスは、生物によって生産されるため、「広く、薄く」存在するという特性を持つ。バイオマスの利活用を推進するためには、この特性を踏まえ、地域で効率的にエネルギーや製品として利用する地域分散型の利用システムを構築することが基本となる。

　また、バイオマスを持続的に利活用していくためには、その生産、収集、変換、利用の各段階が有機的につながり、全体として経済性のある循環システムを構築することが重要である。さらに、バイオマスの賦存状況、利用に対する需要の条件等は地域によって様々であることから、地域ごとに地域の実情に即したシステムを構築することが必要である。

　このため、市町村が中心となって、広く地域の関係者の連携の下、総合的なバイオマス利活用システムを構築する「バイオマスタウン」構想の取組を広げていくことが必要である。

　バイオマスタウンの構築は、物質循環、経済性、地域活性化、雇用創出等の観点から他の地域のモデルとなる事例の提示、地域の潜在能力をどのように活用すべきか方向付けを行うことができる人材の育成等により進展するものと期待される。

(ii) 地域間連携・広域的取組み等

　我が国におけるバイオマスの利活用の推進においては、バイオマスタウンの構築が重要であるが、地域によってはバイオマス資源の量や施設規模とバイオマス製品等の需要が均衡しないこともあるため、適切な情報に基づき、過不足調整等の地域間連携・広域的取組みが必要である。

　また、バイオマス由来の輸送用燃料の導入促進については、制度・施設の整備など経済性の向上や安定供給の確保等の環境整備により、国産と輸入の適切な棲み分けが図られつつ進展するものと期待される。

ⅲ　アジア諸国等海外との連携

アジア諸国等では、バイオマスエネルギーの導入を国策として進める動きが急速に進展している。一方で、我が国においては、京都議定書の目標達成のためには、京都メカニズム（ＪＩ、ＣＤＭ及び排出量取引）の活用を図ることが必要である。我が国にはバイオマスを効率よくエネルギーに変換する技術や小規模な変換システムなど、特に自然条件が類似するアジア諸国で必要とされる先進的な技術を有している。このため、アジア諸国等が進めようとしているバイオマスエネルギー導入の取組に戦略的に関わっていくことが重要であり、アジア諸国等との人材・技術交流を進めることが必要である。

これにより、我が国のバイオマス関連技術がアジア諸国等海外において展開されるとともに、それら諸国の農山村地域の活性化に資することが期待される。

(3)　「バイオマス・ニッポン」実現に向けた具体的目標

「バイオマス・ニッポン」の可能な限りの早期の実現に向け、関係者の取組を促進するとともに、「バイオマス・ニッポン」の実現の度合いを評価するための指標として、具体的な目標を示すことが重要である。

この目標については、エネルギーの価格は長期にわたって予測が困難である一方、産業界がバイオマスの利活用への投資を行う場合の参考となることも踏まえ、当面、京都議定書の第一約束期間の中間である二〇一〇年を目途とするとともに、バイオマスの利活用の進捗状況や経済的、社会的事情の変更を踏まえ、適宜見直しを行うものとする。

（技術的観点）

技術開発による経済性の向上は、バイオマスの一層の利活用の促進のための重要な課題のひとつであることから、技術開発を進める関係者等に対し、技術的な観点からの目標を掲げて、バイオマス利活用技術の開発を促進することが重要である。

バイオマスの利活用技術については、完成度の異なる様々な技術があり、それぞれの技術的課題を克服していくことが必要である。このうち、バイオマスをエネルギーへ変換する技術については、特に変換効率の向上が重要であり、できる限り多くの技術が高い変換効率を実現していくことが期待される。また、バイオマスを製品へ変換する技術については、変換される製品の多様化や高付加価値化を実現していくことが期待される。

以上を総合的に勘案し、技術的な観点からの目標を次のとおりとする。

a　直接燃焼及びガス化プラント等含水率の低いバイオマスをエ

ネルギーへ変換する技術において、

・バイオマスの日処理量一〇トン程度のプラント（合併後の市町村規模を想定）におけるエネルギー変換効率が電力として二〇％、あるいは熱として八〇％程度

・バイオマスの広域収集に関する環境が整った場合のバイオマス日処理量一〇〇トン程度のプラント（都道府県域を想定）におけるエネルギー変換効率が電力として三〇％程度を実現できる技術を開発する。

b　メタン発酵等含水率の高いバイオマスをエネルギーへ変換する技術において、バイオマスの日処理量五トン程度のプラント（集落から市町村規模を想定）におけるエネルギー変換効率が電力として一〇％、あるいは熱として四〇％程度を実現できる技術を開発する。

c　バイオマスを製品へ変換する技術において、現時点で実用化しているバイオマス由来のプラスチックの原料価格を二〇〇円/kg程度とするとともに、リグニンやセルロース等の有効活用を推進するため、新たに実用化段階の製品を一〇種以上作出する。

（地域的観点）

バイオマスの利活用は、地域が自主的に取り組むための目標を掲げて、地域の実情に即したシステムを構築することが重要であり、地域の特性や利用方法に応じ多様な展開が期待される。

この点を勘案し、地域的観点からの目標として、本戦略策定時、バイオマスタウンを五〇〇程度構築することとしたが、二〇一〇年には市町村合併が進むことを考慮し、六割程度とする。

（全国的観点）

バイオマスの総合的な利活用については、バイオマスの利活用を進める関係者に対して、全国的観点からの目標を掲げるとともに、「バイオマス・ニッポン」の進展シナリオ、技術の進展、地域の取組の活性化等を踏まえつつ、その推進を図ることが重要である。

一方、我が国の中長期のエネルギー需給見通しを勘案し、新エネルギーの一つとしてのバイオマスエネルギーの導入を検討すること、京都議定書目標達成計画に盛り込まれた各種目標との整合性を図ること、循環型社会形成推進基本法の理念を尊重することが重要である。

以上を総合的に勘案し、全国的な観点からの目標を次のとおり見込むものとする。

廃棄物系バイオマスの利活用の展開については、食品循環資源の再生利用等の促進に関する法律等、個別法によるリサイクルの義務化等が措置されているが、今後、制度の浸透を図るとともに、収集・輸送、変換の効率化の進展等により、廃棄物系

バイオマスについて、相当部分が利活用されることが期待される。

廃棄物系バイオマスに続いて利活用が見込まれる未利用バイオマスについて、収集システムの整備、バイオマス・リファイナリーの確立等によって、一定の部分が経済的に成り立ちうる形で利活用されることが期待される。

さらに、化石資源由来のエネルギー価格や地球温暖化対策の進展の程度等によっては、新たな需要に対応した民間の企業活動によって、エネルギー源や製品の原料とすることを目的として、資源作物が利活用されることが期待される。

こうしたことから、廃棄物系バイオマスが炭素量換算で八〇%以上利活用され、未利用バイオマスが炭素量換算で二五%以上利活用される。

なお、資源作物については、炭素量換算で一〇万トン程度が利活用されることが期待される。

また、二〇一〇年度までにバイオマス熱利用を原油換算で三〇八万キロリットル（輸送用燃料におけるバイオマス由来燃料五〇万キロリットルを含む。）と見込む。

三　「バイオマス・ニッポン」実現に向けた基本的戦略

「バイオマス・ニッポン」の早期実現に当たって、解決すべき課題がある主な事項について、その基本的な考え方を次のとおり示す。

政府は、これに沿って施策を効果的かつ着実に実行することとし、関係府省の一層の連携と機動的な対応を図るため、バイオマス・ニッポン総合戦略推進会議において、毎年度、実施主体・実施時期を明示した具体的行動計画を策定し、公表する。

(1)　バイオマス利活用推進に向けた全般的事項に関する戦略

①　国民的理解の醸成

「バイオマス・ニッポン」の円滑な実現には、バイオマスを総合的に利活用するシステムを構築することが前提であり、バイオマスの利活用に関わるすべての人々の理解と協力が必要である。このためには、バイオマスの利活用が二酸化炭素排出削減対策や吸収源対策として地球温暖化を防止する効果があること等について、わかりやすく説明していくことにより、「バイオマス・ニッポン」の構築が、今後の国民一人一人の生活に深く結びついていることや、国民の一人一人がそのために何ができるのかといったことについてわかりやすく説明・周知することが必要である。この際、循環型社会の形成など他の環境に関係する活動と有機的に連携し、普及啓発を効果的に図っていくことが適当である。特に、廃棄物系バイオマスについては、資源として利活用可能なものであるという発想の転換が求められており、単に捨てるのではなく、エネルギー源や製品の原料として適正に循環利用すべきであることや、未利用バイオマスである間伐材を含む林地残材等の利活用が、健全な森林整備を進め、森林の荒廃を防止し、地球温暖化の防止、国土の保全、水源のかん養など森林の有する多面的機能の維持増進につながるものであることについての国民各層の理解が重要である。

このためには、ニーズに応じた正確で多様な情報を蓄積し、わかりやすく提供することが重要であり、バイオマスに関連する情報を効率的かつ効果的に整理・提供することが必要である。

さらに、バイオマス利活用に対する社会的合意の形成を進めていくこととし、地域のＮＰＯ等とも連携を図りながら、国民的運動として国民各層の協働を盛り上げていくことが必要である。そのためには、目に見えるシステムとして国民に示されることが重要なことから、各地でのモデル的取組を支援するとともに、イベント等でのモデル展示等も実施していく必要がある。

また、バイオマスの利活用の具体的な実践は、自然と触れ合う環境教育としての要素を有していることに留意し、児童生徒に向けた教育を充実すべきである。

② システム全体の設計

バイオマスを持続的に利活用していくためには、その生産、収集、変換、利用の各段階が有機的につながり、全体として経済性がある循環システムを構築することが重要である。このため、各段階に係る個別要素技術開発の一層の推進とあわせて、地域雇用の創出や全体システムとしての経済性を考慮するとともに、地域の条件にあった持続可能なモデルを提示できるようなシステム全体の設計・評価手法の開発を強力に推進すべきである。この場合、エネルギーや製品として利活用できるというバイオマスの特性を活かし、多種多様な燃料や有用物質を体系的に生産し、限りある資源を最大限かつ合理的に利用する「バイオマス・リファイナリー」を効果的に導入することにより、システム全体の経済性の向上を図ることが重要である。

また、システム全体の設計に当たっては、窒素などの重要な物質収支等を考慮することが重要であり、これを評価するため、バイオマス利活用システムのすべての工程を一貫して定量的に環境への影響を評価するライフサイクルアセスメント（ＬＣＡ）手法を確立することが必要である。

さらに、システム全体の設計を効率的に行うため、大学等にこれまで蓄積されている知見を積極的に活用すべきである。

また、我が国全体のバイオマスの利活用の進捗状況を把握する観点等から、バイオマスの生産から変換、利用、廃棄に至るまでのフローデータの整備、定期的な更新が必要である。

なお、バイオマスの利活用の推進に当たっては、バイオマスの製造から利用までの各段階における安全対策の確立を図るほか、新たな環境負荷を与えることのないよう配慮すべきである。

③　バイオマスタウン構築の推進

バイオマスの賦存状況、利用に対する需要の条件等は地域によって様々であることから、バイオマスの利活用は地域の特性や利用方法に応じ多様なものとなるため、地域ごとに地域の実情に即したシステムを構築することが必要であり、このため、バイオマスタウンの構築を進めることが重要である。

バイオマスの利活用の規模や形態を一律に国が決めることは適当ではなく、地域毎にバイオマスの供給者から変換後の利用者までが協力して、その地域において最適と考えるものを主体的に検討、選択し、地域の特性を活かし、創意工夫あふれる取組を推進していくべきである。このため、国は、地域の選択の参考となるよう、バイオマスの利活用に関する制度や、バイオマス資源の把握手法、地域の大学、研究機関、企業等の有する技術に係る情報など必要な情報を積極的に提供するとともに、地域の取組をコーディネートすることができる人材の育成やその人材を有効に活用する体制を整備する必要がある。また、都道府県は、三位一体の改革によるバイオマスの利活用の推進の交付金等に係る税源を移譲されたことを踏まえ、市町村に対しバイオマスタウン構想の推進を働きかけるなど、自ら責任をもって積極的な役割を果たすべきである。

また、バイオマスの利活用は、最終的には、事業者の自由な創意と工夫による競争的な活動によって進められることを目指さなければならない。

市町村や民間事業者が事業を開始するに当たって、バイオマスタウン構想の実現モデルが存在しないことが事業化を躊躇させる原因の一つとなっている。このため、例えば、現在利用がほとんどされていない林地残材について、川上から川下までの一貫した林業コスト全般の縮減を図るシステム等とも連携した新たなビジネスモデルを構築する等、全国の取組のモデルとなるべき事例を構築していくことが重要である。

モデル事例の構築に当たっては、先行するリスクを軽減することに配慮しつつ、限定された地域において先端的かつ総合的なバイオマス利活用システムの構築を一種の実証実験として行うことが必要である。その際、関係府省の連携に努めることが重要である。

また、国は、市町村のエリアを越えた広域的な取組、要素技術の組合せ、実例は少ないが可能性のある技術等といった新たな利活用方法について、先進的なバイオマスタウンによる情報交換などを積極的に行い、運営の実態を把握しながら情報提供等を実施することが重要である。

さらに、地域資源を地域として活用することはこれからますます重要になっていくものと考えられ、バイオマスについても地域で利活用を進めることにより、地場産業のエネルギー自給、雇用確保等を通じた地域の活性化を図っていくことが重要である。

この観点から、化石資源の利活用との競争条件の整備のためのその他の政策手段について、海外諸国の動向も参考としつつ、バイオマスの賦存状況や利用条件等、我が国独自の事情を踏まえた上で、検討すべきである。

④　関係者の役割分担・協調

バイオマスの利活用の推進に当たっては、民間における市場原理に基づいた展開を基本とし、国、地方公共団体、バイオマス供給・利用者等がそれぞれの役割に応じた取組を進めることが重要である。

国においては、バイオマス・ニッポン総合戦略をわかりやすい形で提示するとともに、戦略推進のための施策、必要に応じ制度改正の道筋も示すことにより、事業化、設備投資等の企業活動の参考となるようにすることが重要である。また、バイオマスの利活用に関わる所管省庁が多岐に亘ることを踏まえ、実効性のある形で一層の連携を進める。さらに、バイオマスの利活用の推進に係る施策の効果等を評価し、必要な見直しを適切に行っていくべきである。

地方公共団体においては、それぞれの地域の特性を踏まえた対応が重要であるが、特に、市町村が一般廃棄物行政において、重要な役割を果たしている点にかんがみ、システム全体の経済性等にも留意して、バイオマスの利活用の推進を図るよう努めるべきである。その際には、国と連携して、バイオマスの利活用に対する社会的合意の形成を推進していく必要がある。また、都道府県は、三位一体の改革によりバイオマス利活用のための交付金の一部が税源を移譲されたことを踏まえ、市町村域を越えたバイオマスの利活用の推進等自ら責任をもって積極的な役割を果たすべきである。

バイオマス供給・利用者は、バイオマスの利活用の経済性の向上に努めるとともに、分別等の励行により、円滑な利活用を進めていくことが必要である。特に、バイオマスの相当部分を担っている農林漁業者については、「バイオマス・ニッポン」の実現に向け、大きな役割を果たすことが期待される。

さらに、環境NPO等が地域におけるバイオマスの利活用の推進に果たす役割は重要であり、これらの団体の活動を効果的に支援する方策を講じていくべきである。

また、バイオマスの利活用の推進に当たっては、実用化技術を開発し事業化を進める民間企業、技術開発、システム技術構築のための基礎研究を担う大学、地球温暖化防止等を先導する国、地域行政を担う地方公共団体の産学官が密接に連携することが重要であり、各種施策の遂行に当たっては、産学官の密接な連携を保ちながら推進する必要がある。また、地域や民間の視点から、関係者の連携によって「バイオマス・ニッポン」の将来展望を構築・共有し、関係者間の連携ネットワーク機能も持った自主的な取組を進めていくための全国規模の協議会を設置する必要がある。

(2) バイオマスの生産、収集・輸送に関する戦略

① 経済性の向上

「広く、薄く」存在しているバイオマスをいかに効率よく収集・輸送するかということは、バイオマス利活用にとっての大きな課題である。

従って、収集・輸送に係るコストの削減を図ることが、バイオマス利活用を推進するために重要である。

このためには、下水汚泥等既に集積されて存在するバイオマスを有効利用したり、様々なバイオマス資源の複合的活用を図るほか、農林水産物集荷流通システムなど既存システムの有効活用や、動脈物流と静脈物流の組み合わせ等による効率的な収集・輸送システムを構築することが必要である。

また、バイオマスの生産、収集・輸送を円滑に行うには、関係者が利活用のための資源として使いやすい形・性状で提供することが必要であり、このため、食品廃棄物等については各家庭、自治会などの地域コミュニティ、スーパー等のチェーン単位での減量（水分の減少等）・分別への協力を進めるとともに、稲わら等農作物非食用部等についても、エネルギー利用や耕畜連携における飼料等に利用できる効率的な収集システムの導入を図り、森林整備に伴い発生する林地残材等については木材生産システムとも連携した効率的な生産・搬出・流通システムの構築を行うなど、バイオマスの特性に応じた効率的な収集・輸送システムの構築が必要である。

さらに、一層の収集・輸送コストの削減を目的として、現場のニーズに応じた革新的な収集システム技術の研究開発、実用化等を進めることが必要である。

② 経済的要因以外のコスト高の是正

バイオマスの生産、収集・輸送に当たっては、社会的な規制・慣行等によりコスト高になっている面がある。

廃棄物系バイオマスについては、バイオマス以外のものとの分別を国民・事業者等の協力により徹底する等バイオマスの利活用が容易になる形で実施するとともに、「広く、薄く」存在するバイオマスを集約化して利活用するための広域収集や動脈物流との一体的な収集等の効率的な収集・輸送が可能となるような方策を、収集・輸送に伴う環境負荷や青森・岩手県境で見

られた広域的なバイオマスを含む不法投棄問題への対応も踏まえた上で検討すべきである。

また、バイオマスの利活用システムの経済性は、バイオマスの原料としての価格にも左右されることから、できる限り安い価格での原料調達が可能となるよう、コスト高の原因となる生産・輸入等の社会的な規制・慣行等を見直すことが必要である。

③ 生産に必要な環境の整備

農林漁業は、太陽や土、水等から農林水産物を生産する自然の循環機能を利用した産業であり、バイオマスの循環的な利活用の最初の段階である生産を担うものである。また、バイオマスを生産するのみならず、食料・飼料等として使用されたバイオマスをたい肥等として再利用し、バイオマスを再生産することができるものである。さらに、エネルギーとして利用できない窒素、リン等の栄養塩類も活用できることから、農林漁業のバイオマスの生産に果たすべき役割は大きい。

このため、技術開発の進展等による経済性の向上の見通しを踏まえながら、エネルギー源や製品の原料となる資源作物等の耕作放棄地、未利用地などにおける生産、木質バイオマス利活用を念頭においた効率的な木材の生産・流通・加工、海洋バイオマスのリファイナリー等を視野に入れた新たな農林漁業の展開を検討すべきである。この際、エネルギー源や製品の原料となるバイオマスの生産に対する需要が創出され、民間の企業活動による経済性のあるバイオマスの生産が行われることが必要であり、経済的成立要件の定量的把握を行うことが必要である。

さらに、多収量な作物の評価、需要サイドに立った製品の供給の観点からみた農林水産業のあり方の検討、海洋バイオマスの利用に係るポテンシャルの把握等を行い、エネルギー源や製品の原料としてのバイオマスの安定的で低コストな生産を実現することが重要である。

(3) バイオマスの変換に関する戦略

① 経済性の向上

バイオマスは、飼料、肥料、工業用原料やエネルギー等、様々な形で利用が可能である。また、その変換については、直接燃焼・炭化、抽出から、熱化学的変換、生物化学的変換まで様々な手法が考えられているが、経済性の向上を図るためには、変換効率の高い手法を開発していくことが極めて重要である。また、バイオマスの用途を拡大するためには、利用者のニーズに合致する等、生産される製品の多様化、高付加価値化を図ることが不可欠である。この際、バイオマスの特性に応じた小規模でも変換効率の高い技術開発を進めていくことが必要である。

また、革新的な技術のみならず、たい肥化技術等の既に一般化している技術の効率化や組合せによっても、その技術の普及度合いや変換の簡便さ等から経済性の向上が図られることにも留意すべきである。

さらに、民間事業者等が先駆的なバイオマスの変換施設を建設する場合、民間の創意工夫を取り入れ、経済性のあるモデルとする観点から、国としてその取組を効率的に支援することが重要である。また、既存のバイオマス変換施設を有効活用することは、低コストかつ短期間で実施可能な取組として重要である。

② 革新的な変換技術の開発、他分野技術との連携

エネルギーへの変換については、従来より直接燃焼を中心にして相当量が利用されてきたが、今後は、エネルギー変換効率の高い革新的な変換技術の開発（特に、資源は豊富に存在するが利用の進んでいない林地残材等の利用を念頭においた技術開発）、他の新エネルギー等と連携した小規模のエネルギー設備の配置による小規模な地域エネルギー供給網の開発による経済性の向上と利用者から見た利便性の向上が重要である。

製品への変換については、これまでも肥料、飼料の形では相当量が利用されてきたが、今後は、新たな用途として高付加価値な機能性食品の原料、医薬品・化粧品の原料としての利用、さらには、グラファイトなどの機能性素材の生産などの技術開発に取り組んでいくことが重要である。

また、炭素以外の栄養塩類（窒素、リンなど）を効率的に回収する技術開発にも取り組んでいくことが必要である。

さらに、バイオマス変換技術の実用化に当たっては、将来的な技術開発につながる基礎研究の推進とともに、生命科学分野のみならず、システム工学をはじめとする工学系分野との連携や、バイオテクノロジー、ナノテクノロジー等先端技術の研究勢力との連携を図りつつ、これら多方面の知見を総合的に活用して技術開発を進めていくことが必要であり、世界のフロントランナーになり得る技術開発に重点的に資源配分することが必要である。

③ 経済的要因以外のコスト高の是正

バイオマスの変換に当たっても、社会的な規制・慣行等によりコスト高になっている面がある。

施設建設に当たり関係する規制について、土地利用調整の観点や地元の反対により立地が難しい問題等を念頭に置きながら、バイオマスの変換施設の円滑な建設に向けて検討すべきである。

また、バイオマスの変換に当たり関係する諸施策についても、バイオマスの変換及び利用を促進する観点から十分検討の上、

必要に応じ見直すべきである。

(4) バイオマスの変換後の利用に関する戦略

① 利用需要の創出、拡大

バイオマスの変換後のエネルギーや製品は、十分な利用需要があることが重要である。

バイオマスについては、まだ十分に国民に認知されておらず、バイオマス利用の利点も十分に理解されていないため、国民的理解の醸成に努めることにより、利用者のニーズを高めることが重要である。そのためには、実用化段階のリスク負担を軽減するための公的機関等による率先導入や、地域熱供給システム等における自家利用を含めたエネルギー利用の拡大、バイオマス製品の展示等による普及が有効である。

また、バイオマスの変換後の利用需要の拡大のためには、京都議定書目標達成計画に掲げられたポリシーミックスの考え方を活用し、経済的手法、規制的手法、情報的手法等様々な政策手法を総合的に検討することが必要である。

バイオマスの変換後の製品の品質や安全性を確保することが製品の流通の前提であり、このような観点から製品の評価を行った上で、必要に応じて、利用者が安心して利用、選択できるよう、製品の品質評価、規格化、識別手法の導入等を図ることが重要である。

特に、石油代替製品としての需要の拡大が期待されるバイオマスプラスチックについては、バイオマスからプラスチックに至るまでの製造工程のコストの低減や環境への影響の少ない他のプラスチックと識別するマークの導入を図るとともに、ケミカルリサイクル（使用済プラスチックを化学的に再生利用すること）等のシステムの構築を推進することが必要である。

さらに、土壌中の炭素の蓄積や肥料成分の有効利用を行う観点から農用地のたい肥受入れ可能量の提示等、バイオマスの利活用に関する需要を把握、提示し、供給側の参考とすることにより利用の促進を図ることが必要である。

また、木質バイオマスを原料としたエネルギーや製品の利用を進めることが地球温暖化の防止のみならず国土の保全、水源のかん養など森林の有する多面的機能を維持増進することにつながり、コストのみでは判断できない価値が存在するものであるということについて国民の理解が一層必要である。

② 農林漁業、農山漁村の活性化

農林漁業は本来自然循環機能を有し、その維持増進をバイオマスの有効活用を通じ図る必要があること、バイオマスの多くが農山漁村で発生し、その利用の相当部分を農山漁村が担っていることを踏まえれば、農林漁業、農山漁村はバイオマスの利活用に重要な役割を果たすことが期待される。農林漁業、農山漁村をバイオマス生産、利用の場として展開し、その活性化を図っていくことが可能である。この場合、健全な水環境等を保全するという観点から、窒素が過剰な地域では、地域間での製品移動や、炭化、エネルギー化等多様な利活用について検討する必要がある。また、需要サイドにとって使いやすい形でのたい肥の供給や飼料としての稲わらの供給など実効性のある耕畜連携の取組を進めるとともに、たい肥の投入等による土づくりを適切に行う環境保全型農業を推進する等バイオマス製品を使用することを前提とした農業生産のビジネスモデルを提示し、このモデルを核とした産地形成を推進することが必要である。さらに、これらの取組の内容、目的について、需要者や消費者の理解が得られるよう努めることが重要である。

　このため、農山漁村の地域特性を踏まえ、窒素の一層の有効活用等バイオマスの利活用を円滑に進めるとともに、都市で発生する食品廃棄物等からできたたい肥を利用して栽培する有機農産物を、都市のスーパーで販売すること等を通じ、都市と農山漁村の共生・対流を促進することも必要である。

　また、施設園芸、畜舎等へのエネルギー供給、木材乾燥熱源としての利用、農業資材等としてのバイオマス利活用など、農林漁業との連携を進めていくことも重要である。

③　利用に必要な環境の整備

バイオマスを変換して新たにエネルギー及び製品として利用する場合、既存システムに大きな混乱をもたらさずに、円滑な導入が図られるよう、計画的に推進していくことが重要である。

　この際、経済面、エネルギー面及び環境面からの収支を考慮した上で、必要な設備も計画的に整備することが必要であり、「広く、薄く」存在するバイオマスの特性を活かすためには、地域で効率的にエネルギーとして利用できる地域分散型の利用システムを開発し、その円滑な導入を促進することが必要である。

　また、他のバイオマス利用との整合性を図りつつ、バイオマスによる電力の需要創出を図る。

　さらに、エネルギー効率の向上の観点から、我が国では普及が進んでいない熱利用の導入を図ることが必要であり、京都議定書目標達成計画において、二〇一〇年度までに原油換算三〇八万キロリットルのバイオマス熱利用の導入目標が設定された。そのため、地域の熱需要に合った低コスト、効率的なバイオマス熱利用転換システムの導入を促進することが必要である。

④　輸送用燃料としての利用

　輸送用燃料としてバイオマス由来の燃料を利用することは、地球温暖化防止、循環型社会形成等の観点から効果的であり、既に米国、ブラジルでは自国産のバイオマス由来輸送用燃料が相当量使用されており、さらに近年、この両国に加えＥＵ、中国等各国でバイオマス由来輸送用燃料の利用の拡大が図られている。我が国でも、廃食用油を原料としたディーゼル燃料が一部の地域において利用されているほか、エタノール混合ガソリンについても揮発油等の品質の確保等に関する法律に基づく強制規格が定められ、関係府省連携の下で、利用に向けた実証実験が行われており、さらに京都議定書目標達成計画において二〇一〇年度までに原油換算五〇万キロリットルのバイオマス由来輸送用燃料の導入を見込んでいる。

今後、国が主導して、導入スケジュールを示しながら、経済性、安全性、大気環境への影響及び安定供給上の課題への対応を図り、計画的に利用に必要な環境の整備を行っていくこととし、積極的な導入を誘導するよう、燃料の利用設備導入に係る補助等を行うとともに、利用状況等を踏まえ、海外諸国の動向も参考としつつ、多様な手法について検討する。

この際、国産のバイオマス由来輸送用燃料については、産地や燃料を製造する地域やその周辺地域における利用を中心に進める等、輸入バイオマス由来燃料との棲み分けを明確にしつつ、まずは実際にさとうきび（糖みつ）など国産農産物等を原料としたエタノールの利用を図る実例を関係省庁連携の下で創出して国民に示しながら、原料となる農産物等の安価な調達手法の導入や関係者の協力体制の整備等に取り組むとともに、さらに高バイオマス量を持つ農作物の開発・導入や木質バイオマス等からの効率的なエタノール生産技術の開発等、低コスト高効率な生産技術の開発を進め、国産のバイオマス輸送用燃料の利用促進を図ることが必要である。

(5)　アジア等海外との連携に関する戦略

現在の物質収支は、世界規模で考えるべきものとなっており、また環境問題も地球環境問題として取り組んでいかなければならない。また、我が国産業の国際競争力を確保する観点から、バイオマス産業の戦略的産業としての発展が重要であることも忘れてはならない。

また、「持続可能な開発に関する世界首脳会議（ヨハネスブルグサミット）」で採択された「実施計画」において、バイオマスを含めた再生可能エネルギーに係る技術開発、持続的な利用、並びに産業化の推進は国際的な合意事項となっている。

アジア諸国においても、中国においては、木材からのバイオエタノール生産や油糧植物からのディーゼル燃料生産、ガス化発電などを推進する再生可能エネルギー法が二〇〇六年に施行され、タイなど東南アジア諸国においても、バイオマスエネルギーの導入を国策として進める動きが急速に進展している。

一方、我が国の地球環境対策については、京都議定書が発効したことから、我が国のバイオマス利活用に係る技術を地球温暖化防止技術として、京都議定書に基づくＪＩ、ＣＤＭ等の活用も考慮に入れて、海外に普及していくことが一層重要となっており、アジア諸国等を対象にプロジェクト発掘の調査などの取組が進められている。

しかしながら、日本には、小規模でもバイオマスの変換効率が高い技術などの優れた技術が存在するにもかかわらず、海外での取組は欧米に比べて少ない。アジア諸国は、日本と比較的自然条件が類似していることに加えて、バイオマス資源が大量に賦存しており、日本の技術により利活用が進めば、地球温暖化防止に資するだけでなく、エネルギーセキュリティの向上に資するとともに、日本のバイオマス関連産業の活性化やアジア地域の活性化にもつながることが期待されることから、アジア諸国での利用を視野に入れた研究開発、現地での利活用指導などの人材支援、技術協力、ＣＤＭ等による技術移転を進めるなど、アジア諸国等が進めようとしているバイオマスエネルギー導入の取組に、戦略的に関わっていくことが重要である。

また、我が国における窒素等の収支バランスを考えた場合、大量の飼料・食料・木材等の輸入により、大幅な輸入超過となっているが、これらは海外の土壌資源、水資源に依存して生産されたものであり、海外においては砂漠化の進行等をもたらす原因ともなっている。このため、海外における持続的な農林水産業の推進につながるよう、バイオマス利活用の成果の海外への普及を検討すべきである。

なお、海外との技術連携については、温暖化ガス排出削減という視点だけでなく、資源の長距離輸送、現地での開発による環境負荷など総合的な視点から評価することが重要である。また、バイオマス及びバイオマス製品の輸入に当たっては、コスト面や国内でのバイオマスの利用の増進を図る観点、ライフサイクルを意識した環境影響、国産のバイオマスの利活用に与える影響等を考慮することが必要である。

四　適用期日

本戦略は、平成十八年四月一日から適用するものとする。

なお、バイオマス・ニッポン総合戦略（平成十四年十二月二十七日閣議決定）は、平成十八年三月三十一日をもって廃止する。

○国産バイオ燃料の大幅な生産拡大（工程表）

〔平成十九年二月　バイオマス・ニッポン総合戦略推進会議〕

一　はじめに

バイオマスの利活用は、温室効果ガスの排出抑制による地球温暖化防止や、資源の有効利用による循環型社会の形成に資するほか、地域の活性化や雇用につながるものである。また、従来の食料等の生産の枠を超えて、耕作放棄地の活用を通じて食料安全保障にも資する等、農林水産業の新たな領域を開拓するものである。

近年、こうしたバイオマスの利活用を推進するための方策の一つとして、世界的に自動車用の燃料としての利用拡大が図られている。アメリカやEUではバイオ燃料の利用拡大に向けた目標が掲げられているほか、バイオ燃料の利用を強力に拡大するための様々な優遇措置も講じられているところである。

一方、我が国のバイオ燃料の取組の現状は、バイオエタノールについては、全国六ヶ所での小規模なバイオエタノール三％混合ガソリン（E3）の実証試験が行われているに過ぎない状況であり、バイオディーゼル燃料についても、一部の自治体やNPO等による取組が行われている程度である。しかしながら、二〇〇五年四月に閣議決定された「京都議定書目標達成計画」では、輸送用燃料におけるバイオマス由来燃料の利用目標が五〇万キロリットル（原油換算）とされ、二〇〇六年三月に閣議決定された「バイオマス・ニッポン総合戦略」では、バイオマスの輸送用燃料としての利用に関する戦略が明記される等、我が国においても、バイオ燃料の利用促進に向けた施策が急速に進展しているところである。

二〇〇六年十一月には、安倍内閣総理大臣から、地球環境、地域の活性化や雇用、農業の活力という観点から、国産バイオ燃料の生産拡大は重要であり、関係府省でしっかりと協調し進んでいくようにとの指示を受けたところである。

この内閣総理大臣の指示を受け、国産バイオ燃料の大幅な生産拡大に向けた検討を行うため、関係府省の局長級から成る「バイオマス・ニッポン総合戦略推進会議」において議論を進めてきたところである。本報告は、ここでの議論を踏まえ、我が国における国産バイオ燃料の生産拡大に向けた課題を整理するとともに、大幅な生産拡大を図るためのシナリオを取りまとめたものである。

二　我が国におけるバイオマスの賦存量

(1)　バイオマスの種類と賦存量・利用率

「バイオマス・ニッポン総合戦略」においては、バイオマスを①廃棄物系バイオマス、②未利用バイオマス、③資源作物の三つに区分している。

二〇〇六年十二月時点で把握できる最新データに基づき、バイオマスの賦存量及び利用率を整理したところ、廃棄物系バイオマスの賦存量は二億九八〇〇万トン、利用率は七二％（二〇一〇年目標八〇％）、未利用バイオマスの賦存量は一七四〇万トン、利用率は二二％（二〇一〇年目標二五％）となっている。なお、エネルギーや製品向けの作物として生産される資源作物としてのバイオマス利用はほとんどない。

廃棄物系バイオマスと未利用バイオマスの賦存量のうち、未利用部分のエネルギーポテンシャルは、約五三〇ＰＪ（原油換算一四〇〇万キロリットル）と試算され、さらに、資源作物のエネルギーポテンシャルは、約二四〇ＰＪ（原油換算六二〇万キロリットル）と試算されており、国産バイオ燃料の大幅な生産拡大を図るためのポテンシャルは十分にあると考えられる。

我が国のバイオマス賦存量・利用率（2006年）

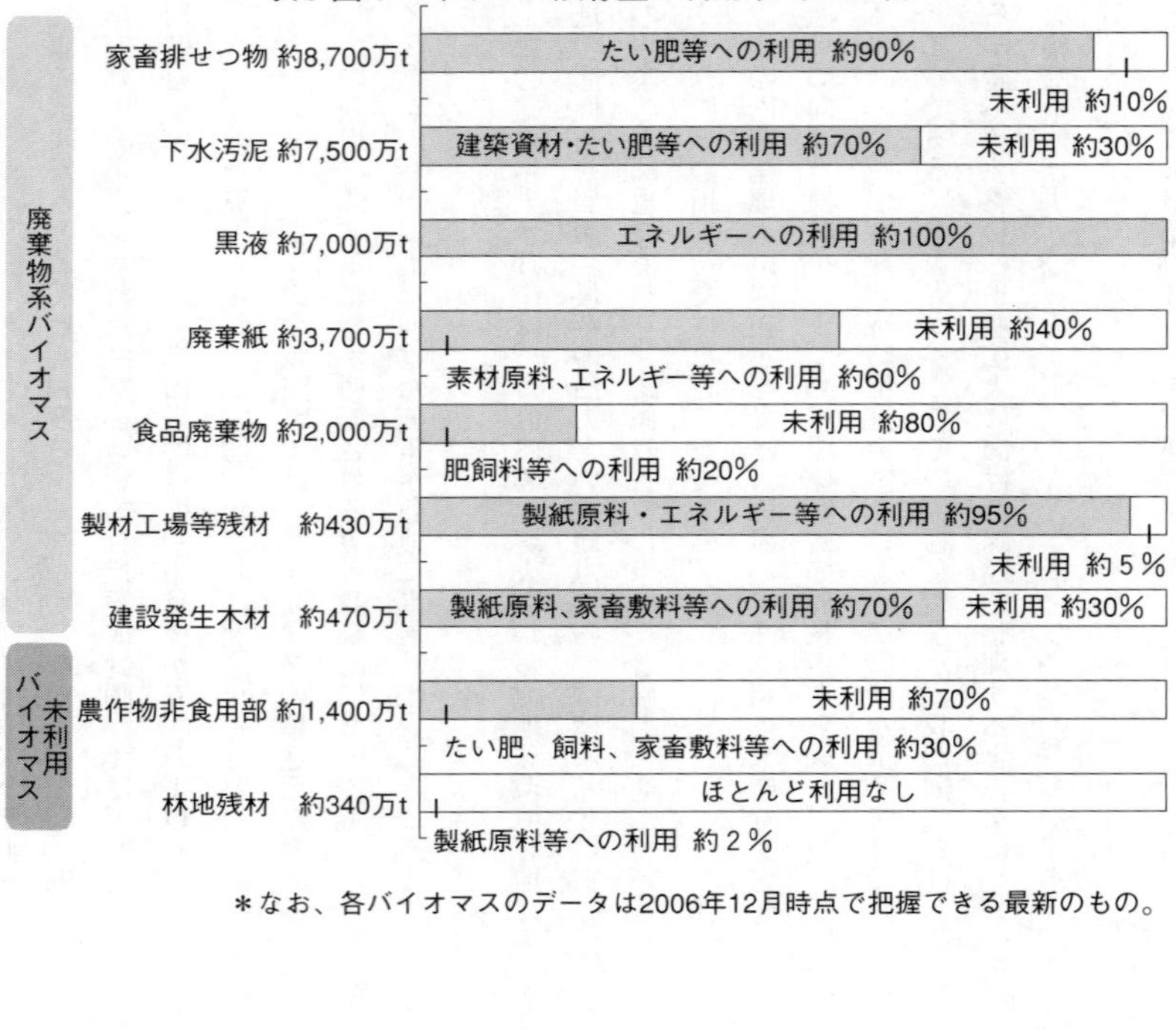

＊なお、各バイオマスのデータは2006年12月時点で把握できる最新のもの。

(2) バイオマス利用率の変遷とその要因

① 廃棄物系バイオマス

廃棄物系バイオマスの利用率は、従来利用率の高い製材工場等残材、黒液を除き、全般的に向上しており、廃棄物系バイオマス全体の利用率は、「バイオマス・ニッポン総合戦略」策定以後、四%の向上となっている。これは、バイオマス利活用に対する支援策のほか、個別リサイクル法の規制ともあいまって利活用が進んだ効果によるものと考えられる。

今後の利活用をさらに進めるための課題としては、家庭系生ごみの有効利用が不十分であること、家畜排せつ物については、多くがたい肥として利用されているが、地域によっては需要量を超えて過剰に発生している地域があり、需給の不均衡が生じていること等が挙げられる。

② 未利用バイオマス

「バイオマス・ニッポン総合戦略」策定後、未利用バイオマスの利用率は一%の向上にすぎず、林地残材はほとんど利用されていない状況である。平成十八年の「バイオマス・ニッポン総合戦略」の見直しでは、未利用バイオマスの利活用を推進するための戦略を示したところであり、生産・排出者側の努力も含めた効率的な収集システムの確立、川上から川下までの林業コスト全般の縮減を図るシステムの導入等による生産・流通・加工のコストダウン、新たな技術を活用したビジネスモデルの導入等を推進することが今後の重要な課題である。

③ 資源作物

資源作物の利活用は現時点ではほとんど認められないが、菜の花を栽培して食用油として利用した後、廃食用油を収集し、バイオディーゼル燃料の原料として利活用する取組を進めている地域があるほか、さとうきび等を原料にバイオエタノールを製造して自動車用の燃料に利活用する実証試験が行われている。

資源作物の生産は、約三八・六万ヘクタール（二〇〇五年農業センサス）存在する耕作放棄地等を活用して、食料生産に悪影響を与えない形で効率的に資源作物を生産することも重要である。その際、極めて粗放的に低コストで作付けできるようにする必要がある。

三 我が国及び諸外国におけるバイオ燃料の現状

(1) バイオ燃料の概要

バイオ燃料は、ガソリン代替で利用されるバイオエタノールと軽油代替で利用されるバイオディーゼル燃料等がある。

① バイオエタノールについて

バイオエタノールは、さとうきび等の糖質原料、とうもろこし等のでん粉質原料、稲わらや木材等のセルロース系原料から製造することが可能であり、糖化、発酵等の過程を経て製造される。輸送用燃料の利用方法としては、ガソリンとバイオエタノールを直接混合する方式と、バイオエタノールから添加剤（エチル・ターシャリー・ブチル・エーテル（ＥＴＢＥ））を製造しこれをガソリンに添加する方式の二通りが存在する。

エタノールは、水分との親和性が高いという性質を有するため、エタノール混合ガソリンに一定比率以上の水分が混入すると相分離が発生し、燃料品質に影響を与える。経済産業省では、Ｅ３について、製造・輸送から給油所における貯蔵・給油に至るまでの品質上及び安全上の課題の検証を目的とした実証研究をすでに実施しており、水分管理対策を行った上であれば、実使用上問題となるＥ３の品質変化及び設備部材への影響変化は認められなかったことについて取りまとめている。また、総務省消防庁では、これまでの検討を踏まえ、漏えい対策等の安全対策についてガイドラインを取りまとめている。

ＥＴＢＥについては、化学物質の審査及び製造等の規制に関する法律（昭和四十八年法律第百十七号。以下「化審法」という。）において、第二種監視化学物質（生物の体内には蓄積し難いが、環境中で容易に分解せず、継続的に摂取される場合に人の健康を損なうおそれの疑いがある、との性質を有する化学物質）との判定がなされている。経済産業省では二〇〇六年度より、長期毒性試験や環境に暴露した場合の影響調査等を実施し、リスク評価を行っている。

② バイオディーゼル燃料について

バイオディーゼル燃料については、菜種油、廃食用油等の油脂を原料に、メチルエステル化等の化学処理により、主に脂肪酸メチルエステルなどの軽油に近い物性に変換したものが利用されている。脂肪酸メチルエステルについては、軽油に比べて、ゴム・樹脂を膨張・劣化させる、熱の影響により酸やスラッジ（固まり）を発生し品質が劣化しやすい、原料によっては寒冷地で固まってしまうなどの特性があることに留意する必要がある。

(2) 我が国におけるバイオ燃料の現状

バイオエタノールについては、現在、全国六ヶ所で、原料作物の生産、バイオエタノールの製造、Ｅ３ガソリンの走行等の実証試験を行っているところであるが、生産量は、二〇〇五年度末時点で合計三〇キロリットル／年程度にすぎない。このうち、岡山県真庭市、沖縄県伊江村、沖縄県宮古島市の三ヶ所において、生産したバイオエタノールを自動車の燃料として利用する一貫した実証試験を行っている。

バイオディーゼル燃料については、京都市、いわき市、富山市等の自治体ぐるみの取組のほか、地域のＮＰＯ等による小規模な取組が行われている。生産量は、合計四、〇〇〇～五、〇〇〇キロリットル／年と推計される。

(3) 諸外国におけるバイオ燃料の現状

世界のバイオ燃料の生産量は、二〇〇五年末時点で、バイオエタノールで約三、六五〇万キロリットル、バイオディーゼル燃料で約四〇〇万キロリットルと推計される。

バイオエタノールについては、アメリカ、ブラジルの二カ国の生産量が突出しており、世界の生産量の約7割を占めている。このほか、EU、中国、インド等でも生産されており、生産量は年々拡大している。生産されたバイオエタノールの大半は、ガソリンとの直接混合で利用されており、アメリカの一部の州やブラジルでは、混合割合の義務化もなされている。一方、ETBEは、スペイン、フランス等、EUを中心に利用されている。

バイオ燃料の利用がみられる諸外国では、その利用を促進するために、政府による導入目標の提示、税制、補助等の支援策がとられている。

EUでは、二〇〇三年に「輸送用のバイオマス由来燃料、再生可能燃料の利用促進に係る指令」が発効し、加盟各国にバイオマス由来燃料、再生可能燃料の導入目標の設定が義務づけられているほか、エネルギー作物栽培に対する補助や税制面での優遇が行われている。米国では「二〇〇五年エネルギー政策法」が成立し、二〇一二年には七五億ガロン（約二、八〇〇万キロリットル）の自動車燃料としての供給が定められている。二〇〇七年一月のブッシュ大統領の一般教書では、この義務量をさらに拡大し、二〇一七年までに三五〇億ガロン（約一・三億キロリットル）とすることに言及している。また、バイオエタノール混合ガソリンの物品税の控除や小規模事業者に対する支援策も講じられている。

他方、最近、バイオ燃料の急激な需要拡大に伴い、トウモロコシ等のバイオ燃料の原料となる農作物の価格が高騰するといった問題等を懸念する声もある。

四　国産バイオ燃料の大幅な生産拡大のための課題・検討事項

(1) 技術面での課題

① 作物生産

国産バイオ燃料の大幅な生産拡大のためには、原料となるバイオマスを低コストで安定的に供給することが必要である。国土面積の限られている我が国においては、耕地を最大限有効に活用することはもちろん、ゲノム情報等の活用により、糖質・でん粉質を多く含有し、バイオマス量の大きな資源作物の育成や、省力・低コスト栽培技術の開発を行う必要がある。

② 収集・運搬

稲わら、林地残材等の未利用バイオマスは、量的ポテンシャルも大きく、国産バイオ燃料の大幅な生産拡大に向けた原料として期待できる。しかしながら、現状では、これら未利用バイオマスは、収集・運搬コストが高いため、利用はほとんど進んでいない。このため、バイオマスの収集・運搬に係る費用を低コスト化することが不可欠である。具体的には、木材生産の取組と連携した林地残材の収集・運搬システム、効率的に収集する高性能林業機械の開発等を行う必要がある。

③　エタノール変換

バイオマスを原料として低コストでバイオエタノールを生産するためには、糖質・でん粉質原料に加え、稲わら、林地残材等の未利用バイオマスや資源作物全体を原料として効率的にバイオエタノールを生産する必要がある。特に稲わら、林地残材等のセルロース系原料からのバイオエタノールの製造については、糖化・発酵阻害物質であるリグニンの効率的な除去やセルロースとヘミセルロースを効率的に糖化・発酵する技術等の開発を進める必要がある。

また、発酵後、エタノールの濃縮、蒸留、脱水工程においては、膜透過・分離技術等を活用したエネルギー投入量の少ない技術の開発が必要である。

さらに、エタノールの変換工程において生じる廃液や製造過程の副生成物の利用・処理技術の開発により、エタノール生産にかかるトータルコストについて低減していく必要がある。

(2)　制度面等での課題

①　バイオ燃料混合率

i）バイオエタノールについて

我が国においては、揮発油等の品質の確保等に関する法律（昭和五十一年法律第八十八号。以下「品確法」という。）により、市場に流通している既販車の自動車部品の安全性や排ガス性状の確保の観点から、バイオエタノールをガソリンに三％まで混合することが可能である。バイオ燃料の利用が進んでいる諸外国、例えばブラジルでは二〇～二五％、アメリカではいくつかの州で一〇％の混合義務化がなされている等、我が国よりも高い混合率での利用実績がある。

現在の国内の自動車メーカーで生産される新車のうち、バイオエタノール一〇％混合ガソリン（E１０）までは対応可能なものもあるが、既販車については、買い換え、中古車市場からの退出等に一〇年以上の期間を要することにかんがみ、バイオエタノールの供給安定性や経済性の確保等の課題に留意して、二〇二〇年頃までを目途に、対応車の普及状況を勘案しつつ、既販車の安全性及び排ガス性状を確認した上で品確法施行規則に定めるエタノールを含む含酸素化合物の混合上限規定を見直すこととしている。

ii）バイオディーゼル燃料について

バイオディーゼル燃料として広く利用されている脂肪酸メチルエステルについては、本年三月より、現在市場に流通している既販車に対する安全性や排ガス性状の確保の観点から、軽油への混合割合を五％以下とし、加えて必要な燃料性状に係る項目を、品確法の軽油規格に規定することとしている。

我が国では、一〇〇％バイオディーゼル燃料が軽油引取税の対象となっていないことから、多くの地域において、軽油引取税の対象となるバイオディーゼル燃料混合軽油と比較して価格競争力のある一〇〇％バイオディーゼル燃料を利用する取組が進められているが、粗悪な品質の燃料があることや、我が国で流通している自動車は、一〇〇％バイオディーゼル燃料の使用を前提として製造されたものではないこと等により、自動車に不具合が生じる場合がある。

② 製造、流通、貯蔵、利用

バイオ燃料の流通・利用時における大気汚染防止対策、また、E3の場合、品質を確保するための水分混入防止等の対策の徹底が不可欠であり、製油所・油槽所・給油所等流通段階での必要な対応及び対策の検討を進める必要がある。このため、宮古島や大都市圏等においてより大規模なE3等実証事業を二〇〇七年度より進めることとなっている。

また、ETBEについては、化審法上の第二種監視化学物質との判定がなされたことを踏まえ、現在、長期毒性試験や環境中に暴露した場合の影響調査等に基づくリスク評価を行っているところである。さらに、漏えい対策等具体的な設備対応策の必要性の検討のため、二〇〇七年度よりETBE混合ガソリンの流通実証事業を進めることとなっており、これらの結果を踏まえ導入が図られることとなる。

自動車側では、ガソリンへの混合率を高めた燃料を始めとしたバイオ燃料対応車の安全、環境上の技術指針づくり等の対応を図る必要がある。国土交通省では、E10対応車の技術基準等の整備に向け、現在検討を行っているところである。

経済産業省では、バイオ燃料利用拡大実現のための「土台作り」として、「消費者優先」、「安心・安全・公正」、「エネルギー保安向上」、「イノベーション重視」の四原則を元に、品質や徴税公平性を確保するための新たな制度インフラの検討を行っているところである。

③ 税制措置を含めた多様な手法の検討

税制措置を含めた多様な手法について検討する。

(3) その他

① 国民に対する理解促進

国産バイオ燃料の利用は、国民生活に深く結びついており、国民それぞれが国産バイオ燃料の利用の意義を認識し取り組んでいくことが重要である。このため、国産バイオ燃料の利用による効果等について、国民の理解を得ることが重要である。国産バイオ燃料利用の具体的な実践は、農業、食料、環境、エネルギー等幅広い分野の教育要素を有していることに留意し、将来を担う児童生徒に向けた教育を充実することも重要である。

② ライフサイクル全体でのエネルギー効率、温室効果ガス削減効果の評価

バイオマスエネルギーは、カーボンニュートラル等の効果を有する一方で、バイオ燃料の生産過程で使用するエネルギーや排出するCO_2量が多くなれば負の効果が生じることも懸念される。このため、バイオ燃料の生産過程において、必要となる化石燃料や排出するCO_2量は極力少なくすることが重要である。ライフサイクルの視点から、エネルギー収支、CO_2収支の評価を踏まえて取組を進めることが必要である。なお、循環型社会構築の観点から、廃棄物系バイオマスについては、バイオ燃料以外の利用の状況も踏まえつつ、廃棄物の発生抑制、再使用、再生利用が適正に推進されるよう留意する必要がある。

③ 飲料用・工業用を含むアルコール流通市場の混乱の防止

エタノールは、国内においては飲料用・工業用に利用が進んでいる。今後、燃料用として生産されたエタノールが、既存の飲料用・工業用に流入し、市場の混乱を招くことのないようにするべきである。

五 国産バイオ燃料の大幅な生産拡大のための工程表

(1) 工程表の作成の考え方

国産バイオ燃料は、現時点のガソリンの卸売価格、ブラジルからのエタノールの輸入価格等と競合できる価格で生産する必要がある。国産バイオ燃料の生産コストの目標を一〇〇円／Lと考えた場合、原料となるバイオマスの生産コストを大幅に引き下げ、さらに低コストで高効率にバイオエタノールを生産することが不可欠である。現状では、原料となるのは、さとうきび糖みつ等の糖質原料や規格外小麦等のでん粉質原料等の安価な原料や廃棄物処理費用を徴収しつつ原料として調達できる廃棄物に限られる。このため、二〇一〇年頃までの当面の期間は、これらの原料を用いた国産バイオ燃料の生産を行っていく。

また、国産バイオ燃料の大幅な生産拡大を図るためには、食料や飼料等の既存用途に利用されている部分ではなく、水田にすき込まれている稲わらや製材工場等残材、林地残材、公園・河川敷等から発生する未利用バイオマスの活用や耕作放棄地等を活用した資源作物の生産に向けた取組を進めることが重要である。

これらのバイオマスから国産バイオ燃料を生産するためには、原料の生産・収集・運搬コストやバイオ燃料の製造コストの大幅

な低減が不可欠であり、四に掲げる課題を解決していかなければならない。

このため、二〇三〇年頃までの中長期的な観点からは、稲わらや木材等のセルロース系原料や資源作物全体から高効率にバイオエタノールを生産できる技術の開発等により、他の燃料や国際価格と比較して競争力を有する国産バイオ燃料の大幅な生産拡大を図る。

なお、具体的に工程表を作成するに当たっては、①目標コストを達成する技術が開発されるまでの研究期間、②開発された技術を実証する実証期間、③施設整備等により生産拡大が進む普及期間を考えて作成した。

(2) 大幅な生産拡大に向けた工程表

今後の技術開発の可能性等を踏まえた工程表は、下図のとおりとなり、概ね、次のように原料作物等の範囲が拡大していくと見込まれる。

① 現時点で利用可能な作物等

・原料を安価に調達できる規格外農産物やさとうきび糖みつ等農産物の副産物

・廃棄物処理費用を徴収しつつ原料として調達できる建設発生木材　等

② 今後五年間で技術開発する作物等

・稲わら等の草本類

・製材工場等残材　等

③ 今後十年間で技術開発する作物等

・原料の収集・運搬コストが必要となる林地残材

・資源作物（ゲノム情報を利用した多収品種）

六　国産バイオ燃料の生産目標

(1) 当面（二〇一〇年ごろまで）の目標

当面は、原料作物としての食料用・飼料用との競合にも留意して、さとうきび糖みつ等の糖質原料や規格外小麦等のでん粉質原料等、安価な原料や廃棄物処理費用を徴収しつつ原料として調達できる廃棄物を用いて生産を行う。

具体的な取組として、農林水産省は、さとうきび糖みつや規格外小麦等の安価な原料を用いたバイオ燃料の利用モデルの整備と技術実証を行い、二〇一一年度に単年度五万キロリットル（原油換算三万キロリットル）の国産バイオ燃料の生産を目指すこととしている。また、環境省は、建設発生木材を利用した国産バイオ燃料製造設備の拡充等を支援する事業を行い、今後数年内に単年度約一万キロリットル（原油換算約〇・六万キロリットル）の国産バイオ燃料の生産を目指すこととしている。

なお、京都議定書目標達成計画において、二〇一〇年度までに原油換算五〇万キロリットル（国産、輸入問わず）のバイオ燃料

国産バイオ燃料の生産拡大工程表

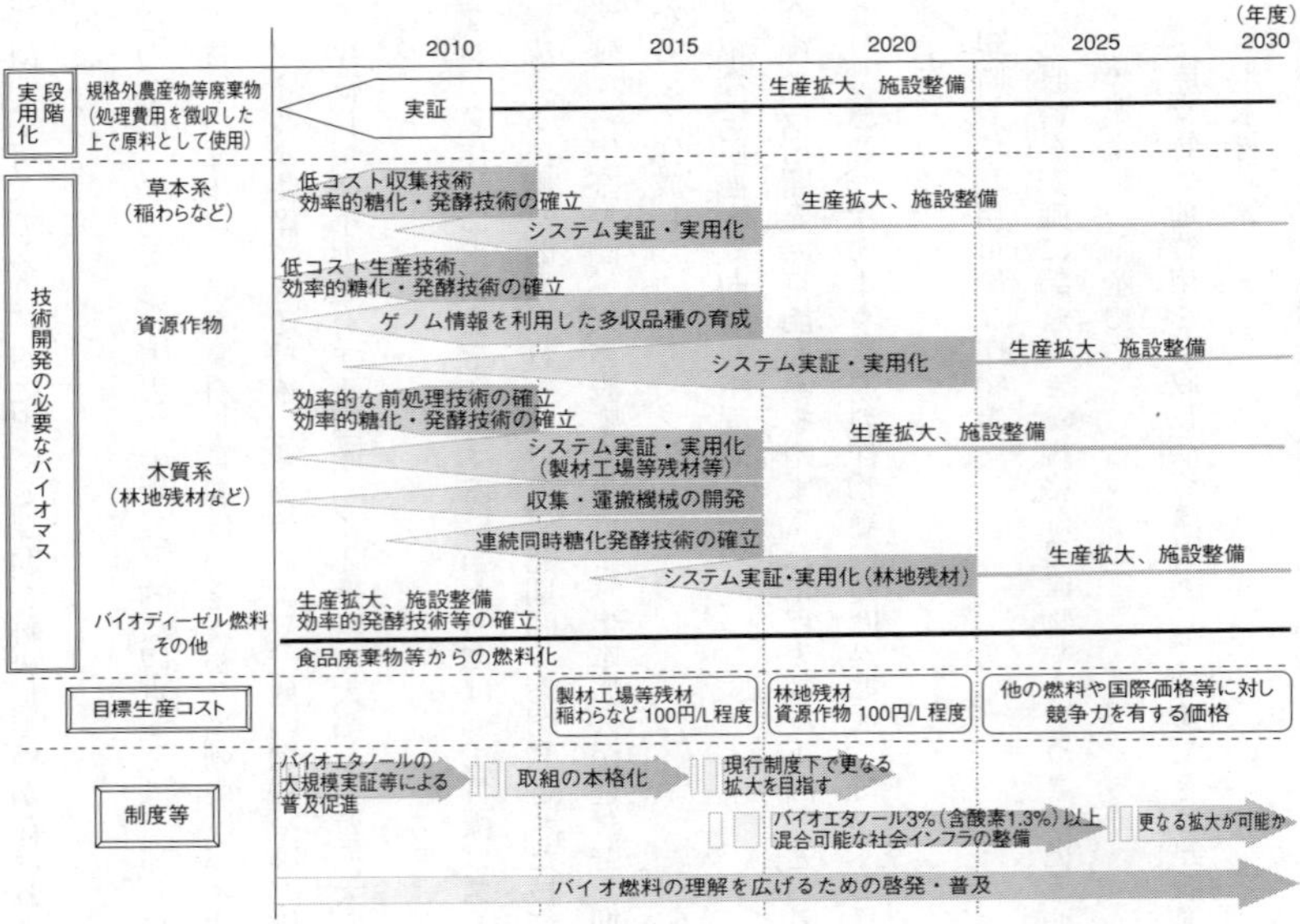

の導入を図ることとされている。石油業界は、二〇一〇年度に三六万キロリットル（原油換算二一万キロリットル）のバイオ燃料の導入を図ることとしている。

(2)　中長期（二〇三〇年ごろまで）の目標

中長期的には、稲わらや木材等のセルロース系原料や資源作物全体からバイオエタノールを高効率に製造できる技術等を開発し、国産バイオ燃料の生産拡大に向けて四に掲げる課題を解決することを目指す。これらの革新的技術を十分に活用し、他の燃料や国際価格と比較して競争力を有することを前提として、二〇三〇年ごろまでに国産バイオ燃料の大幅な生産拡大を図る。

（別　紙）

中長期的観点からの生産可能量

稲わら等の収集・運搬、エタノールを大量に生産できる作物の開発、稲わらや木材等からエタノールを大量に生産する技術の開発等がなされれば、2030年頃には600万キロリットル（原油換算360万キロリットル）の国産バイオ燃料の生産が可能

国産バイオ燃料生産可能量

原　　料	生産可能量（2030年度）エタノール換算	生産可能量（2030年度）原油換算
1．糖・でんぷん質（安価な食料生産過程副産物、規格外農産物等）	5万kl	3万kl
2．草本系（稲わら、麦わら等）	180万kl～200万kl	110万kl～120万kl
3．資源作物	200万kl～220万kl	120万kl～130万kl
4．木質系	200万kl～220万kl	120万kl～130万kl
5．バイオディーゼル燃料等	10万kl～20万kl	6万kl～12万kl
合　　計	600万kl程度	360万kl程度

（農林水産省試算）

（草本系）

稲わら、麦わら、もみ殻等の草本系については、畜産用の粗飼料、農地に還元するたい肥等への必要量を考慮しつつ、2030年度にエタノール換算180～200万キロリットル（原油換算110～120万キロリットル）の国産バイオ燃料を生産できる可能性がある。

（資源作物）

資源作物については、新たにバイオマス量の大きい品種等を育成するとともに、食料自給率の向上を目指す食料・農業・農村基本計画との整合を図りつつ、耕作放棄地の一部を活用すること等により、2030年度にエタノール換算200～220万キロリットル（原油換算120～130万キロリットル）の国産バイオ燃料を生産できる可能性がある。

（木質系）

林地残材、製材工場等残材、建設発生木材等の木質系バイオマスについては、エタノール高効率変換技術と木材収集・運搬システムの改善の相乗効果により、これらの資源を最大限に活用し、2030年度にエタノール換算200～220万キロリットル（原油換算120～130万キロリットル）の国産バイオ燃料を生産できる可能性がある。

（バイオディーゼル燃料等）

廃食用油等を利用し、2030年度にエタノール換算10～20万キロリットル（原油換算6～12万キロリットル）の国産バイオ燃料を生産できる可能性がある。

（参　考）

中長期的観点からの生産可能量設定の考え方

①　規格外農産物・農産物副産物

農林水産省の「バイオ燃料地域利用モデル実証事業」等での生産目標（2011年度までに５万キロリットル（原油換算（３万キロリットル）））。なお、エタノール生産目標を計算するに当たっては、今後の技術開発によるエタノール変換効率向上を踏まえたデータを利用。

②　草本系

稲わら、麦わら等の草本系のバイオマスのうち、粗飼料用、たい肥用等として活用される部分を除いた未利用部分が利用されるとして試算。なお、エタノール生産可能量を計算するに当たっては、今後の技術開発によるエタノール変換効率向上を踏まえたデータを利用。

③　資源作物

今後バイオ燃料用資源作物として品種開発されるソルガム、イネ、かんしょ等のバイオ燃料用の資源作物を耕作放棄地の一部に新たに作付けするとして試算。なお、エタノール生産可能量を計算するに当たっては、今後の技術開発によるエタノール変換効率向上を踏まえたデータを利用。

④　木質系（製材工場等残材、建設発生木材、林地残材、剪定枝）

建設発生木材は、未利用部分を生産可能量として試算。製材工場等残材と林地残材については、未利用部分を生産可能量とし、今後の国産材生産量の拡大を踏まえて試算。

樹園地の剪定枝については、薪やたい肥等に活用される部分を除いた部分を生産可能量として試算。公園や街路樹の剪定枝については、都道府県ごとのバイオマス利活用マスタープランのうち、データを把握しているものから全国ポテンシャルを推計し試算。

なお、エタノール生産可能量を計算するに当たっては、今後の技術開発によるエタノール変換効率向上を踏まえたデータを利用。

⑤　バイオディーゼル燃料等

家庭から排出された廃食用油等の食品廃棄物の未利用部分から一定割合のバイオディーゼル燃料を推計。生産可能量の数値には含めていないが、その他に、食品廃棄物、家畜排せつ物等からのメタンガス等によるガス燃料も想定される。

農林漁業バイオ燃料法研究会
末松広行　西郷正道　下村　聡
吉野示右　川合豊彦　増井国光
尾室義典　古城大亮　福田　満
白石知隆　倉員俊雄　田中忠彦

［逐条解説］農林漁業バイオ燃料法

2009年３月18日　第１版第１刷発行

編　著　農林漁業バイオ燃料法研究会

発行者　松　林　久　行

発行所　株式会社大成出版社

〒156-0042　東京都世田谷区羽根木 1—7—11
電話(03)3321—4131(代)
http://www.taisei-shuppan.co.jp/

印刷　亜細亜印刷

ISBN978-4-8028-2871-0